四川省工程建设地方标准

四川省建筑抗震鉴定与加固技术规程

Technical Specification for Seismic Appraisement and Strengthening of Building in Sichuan Province

DB51/5059－2015

主编单位：西 南 交 通 大 学
四 川 省 建 筑 科 学 研 究 院
批准部门：四 川 省 住 房 和 城 乡 建 设 厅
施行日期：2 0 1 6 年 1 月 1 日

U0205785

西南交通大学出版社

2015　成　都

图书在版编目（ＣＩＰ）数据

四川省建筑抗震鉴定与加固技术规程／西南交通大学，四川省建筑科学研究院主编. —成都：西南交通大学出版社，2015.10

（四川省工程建设地方标准）

ISBN 978－7－5643－4291－3

Ⅰ．①四… Ⅱ．①西… ②四… Ⅲ．①建筑结构－抗震结构－鉴定－技术规范－四川省②建筑结构－抗震结构－加固－技术规范－四川省 Ⅳ．①TU352.1－65

中国版本图书馆 CIP 数据核字（2015）第 215236 号

四川省工程建设地方标准

四川省建筑抗震鉴定与加固技术规程

主编单位　西南交通大学

四川省建筑科学研究院

责 任 编 辑	姜锡伟
封 面 设 计	原谋书装
出 版 发 行	西南交通大学出版社
	（四川省成都市金牛区交大路 146 号）
发 行 部 电 话	028-87600564　028-87600533
邮 政 编 码	610031
网　　　址	http://www.xnjdcbs.com
印　　　刷	成都蜀通印务有限责任公司
成 品 尺 寸	140 mm×203 mm
印　　　张	11
字　　　数	280 千
版　　　次	2015 年 10 月第 1 版
印　　　次	2015 年 10 月第 1 次
书　　　号	ISBN 978-7-5643-4291-3
定　　　价	56.00 元

各地新华书店、建筑书店经销

关于发布四川省工程建设地方标准
《四川省建筑抗震鉴定与加固技术规程》
的通知

川建标发〔2015〕567 号

各市(州)及扩权试点县住房城乡建设行政主管部门,各有关单位:

由西南交通大学、四川省建筑科学研究院修编的《四川省建筑抗震鉴定与加固技术规程》已经我厅组织专家审查通过,现批准为四川省强制性工程建设地方标准,编号为:DB51/5059－2015,自 2016 年 1 月 1 日起在全省实施,其中,第 1.0.7、1.0.11、4.1.3 条为强制性条文,必须严格执行。原《四川省建筑抗震鉴定与加固技术规程》(DB51/T 5059－2008)同时废止。

该标准由四川省住房和城乡建设厅负责管理,西南交通大学负责技术内容的解释。

四川省住房和城乡建设厅
2015 年 8 月 5 日

前　言

本规程是根据四川省住房和城乡建设厅《关于下达 2012 年四川省工程建设地方标准修订计划的通知》(川建标发〔2012〕5号)的要求，由西南交通大学、四川省建筑科学研究院会同有关参编单位共同对《四川省建筑抗震鉴定与加固技术规程》DB51/T5059-2008 进行修订而成的。

在修订过程中，编制组调查和总结了汶川、芦山等地震，以及原规程颁布实施以来的建筑抗震鉴定与加固实际经验和教训，参考了《建筑抗震鉴定标准》GB 50023-2009、《建筑抗震加固技术规程》JGJ 116-2009 等现行相关标准，采纳了相关最新研究成果，并多次征求有关单位和专家的意见，进行了反复修改，最后经四川省住房和城乡建设厅组织专家审查定稿。

本规程修订后共包括 10 章和 7 个附录，主要修订内容有：一是根据建筑建造时期和抗震设防情况将现有建筑划分为Ⅰ、Ⅱ、Ⅲ类，并给出了相对应的建筑抗震鉴定和加固的基本设防目标；二是完善了三类现有建筑的抗震鉴定标准和加固方法；三是将非抗震设防区内的学校、医院等人员密集场所及重要公共建筑的抗震鉴定和加固纳入本规程适用范围；四是增加了单层空旷房屋的抗震鉴定和加固的内容；五是在砌体房屋抗震加固方法中，增加了粘贴碳纤维复合材加固法、钢丝绳网-聚合物改性水泥砂浆面层加固法；六是在钢筋混凝土房屋抗震加固方法中，增加了增设支撑加固法、隔震加固法、粘贴碳纤维布加固法、钢绞线网-聚合物砂浆面层加固法。

本规程中第 1.0.7 条、第 1.0.11 条、第 4.1.3 条为强制性条文，必须严格执行。其中，第 1.0.7 条与《建筑抗震设计规范》GB 50011－2010 第 1.0.4 条等效，第 1.0.11 条与《建筑抗震鉴定标准》GB 50023－2009 第 1.0.3 条及《建筑抗震加固技术规程》JGJ 116－2009 第 1.0.4 条等效，第 4.1.3 条与《建筑抗震鉴定标准》GB 50023－2009 第 4.1.3 条等效。

本规程由四川省住房和城乡建设厅负责管理，由西南交通大学负责具体技术内容的解释。

为充实和提高本规程的质量，请各使用单位在实施本规程过程中，结合工程实践，认真总结经验，并将意见和建议寄交《四川省建筑抗震鉴定与加固技术规程》管理组（地址：成都市北二环 111 号，西南交通大学土木工程学院；邮政编码：610031；电子邮箱：zscswju@swjtu.cn），以便今后修订时参考。

本规程主编单位：西南交通大学

四川省建筑科学研究院

本规程参编单位：成都市建筑设计研究院

成都市建设工程质量监督站

成都市建设工程施工安全监督站

本规程主要起草人：赵世春　吴　体　高永昭

　　　　　　　　　潘　毅　苏晓韵　何广杰

　　　　　　　　　刘晓森　张　佳　李学兰

　　　　　　　　　卫　维　黄云德　林拥军

　　　　　　　　　张　扬　杨　琼　肖承波

　　　　　　　　　郑祥中　胡江河　陈家利

　　　　　　　　　何　雁　白永学

本规程主要审查人：黄光洪　李常虹　向　学

　　　　　　　　　尤亚平　佟建国　张春雷

　　　　　　　　　张　静

7

目　次

Contents

1 总　则

1.0.1　为了贯彻《中华人民共和国防震减灾法》《四川省防震减灾条例》等法律、法规，实行以预防为主的方针，使现有建筑经抗震鉴定和抗震加固后，减轻建筑的地震破坏，避免或最大限度地减少人员伤亡和经济损失，特制定本规程。

1.0.2　本规程适用于四川省内抗震设防烈度为 6 度（0.05g）、7 度（0.10g、0.15g）、8 度（0.20g、0.30g）、9 度（0.40g）地区的现有建筑，以及非抗震设防区的现有学校、医院等人员密集场所及重要公共建筑的抗震鉴定和抗震加固；不适用于尚未竣工验收的在建建筑的抗震设计和施工质量的评定，以及地震灾后建筑抗震安全的应急评估。

　　古建筑和行业有特殊要求的建筑，应按国家专门的规定进行抗震鉴定和抗震加固。

　　注：本规程以下将"抗震设防烈度 6 度、7 度、8 度、9 度"简称为"6 度、7 度、8 度、9 度"。

1.0.3　下列情况的现有建筑，应对其进行抗震鉴定，并依据抗震鉴定的结论进行相适应的抗震加固。

　　1　接近或超过建筑设计使用年限需要继续使用的建筑。

　　2　原建筑未进行抗震设防或未按规定提高抗震设防要求的建筑。

　　3　改建、扩建的建筑，或需要改变结构用途和使用环境的建筑。

4 非抗震设防区现有的学校、医院等人员密集场所及重要公共建筑。

5 遭受灾害后，其抗震能力及安全明显受到影响的建筑。

6 其他有必要进行抗震鉴定和抗震加固的建筑。

1.0.4 地震灾区的建筑抗震鉴定和加固，宜在震后恢复重建期，或在判定预期的余震作用不构成建筑结构损伤的小震作用时进行。

1.0.5 对处于危险地段的现有建筑、受地震严重破坏且无修复价值的建筑，可不再进行抗震鉴定和抗震加固。

一般情况下，当加固总费用（不含改造费用）高达新建相同建筑造价的 70%或以上时，不宜进行抗震加固，可考虑拆除重建。

1.0.6 现有建筑的抗震鉴定和抗震加固，应基于建筑在正常使用条件下的结构安全性符合国家相关标准的要求进行，或与建筑在正常使用条件下的结构安全性鉴定和维修加固同步进行。

建筑抗震鉴定和加固的后续使用年限，应与结构安全性鉴定和维修加固确定的后续使用年限一致。

1.0.7 建筑抗震鉴定和抗震加固采用的抗震设防烈度，必须按国家规定的文件（图件）确定。

1.0.8 建筑抗震鉴定和抗震加固采用的抗震设防烈度，一般情况下可按中国地震动参数区划图确定的地震基本烈度或现行国家标准《建筑抗震设计规范》GB 50011 规定的抗震设防烈度确定。

非抗震设防区的现有学校、医院等人员密集场所及重要公共建筑的抗震鉴定和抗震加固，应按 6 度设防确定。

已编制区域性抗震防灾规划且在有效期内的局部地区的现有建筑，以及特定行业或系统的现有建筑，可按批准的抗震设防烈度确定。

1.0.9 现有建筑抗震鉴定和抗震加固时，可依据建筑的建造时期或抗震设防情况分为三类：

Ⅰ类建筑。20 世纪 90 年代前建造的现有建筑，包括未进行抗震设防，或按《工业与民用建筑抗震设计规范》TJ 11-78 及以前的抗震设计标准进行抗震设防的现有建筑。

Ⅱ类建筑。20 世纪 90 年代至 21 世纪初建造的现有建筑，包括未进行抗震设防，或按《建筑抗震设计规范》GBJ 11-89 及以前的抗震设计标准进行抗震设防的现有建筑。

Ⅲ类建筑。21 世纪初以来建造的现有建筑，包括按《建筑抗震设计规范》GB 50011-2001 实施以来进行抗震设防的现有建筑。

1.0.10 各类建筑的抗震鉴定和抗震加固的基本设防目标应符合下列要求，有条件时可适当提高抗震要求。

Ⅰ类建筑的基本设防目标是：当遭受低于抗震设防烈度的多遇地震影响时，主体结构可能发生损坏，但经一般修理或加固后仍可继续使用；当遭受相当于抗震设防烈度的地震影响时，主体结构一般不致倒塌伤人。

Ⅱ类建筑的基本目标是：当遭受低于抗震设防烈度的多遇地震影响时，主体结构不受损坏或可能发生局部损伤，不需修理或一般修理后可继续使用；当遭受相当于抗震设防烈度的地震影响时，主体结构可能发生损坏，但经加固修理后仍可继续使用；当遭受高于设防烈度的罕遇地震影响时，主体结构不致倒塌伤人。

Ⅲ类建筑的基本目标是：当遭受低于抗震设防烈度的多遇地震影响时，主体结构不受损坏或不需修理可继续使用；当遭受相当于抗震设防烈度的地震影响时，主体结构可能发生损坏，但经一般性修理仍可继续使用；当遭受高于设防烈度的罕遇地震影响时，主体结构不致倒塌或发生危及生命的严重破坏。

1.0.11 现有建筑的抗震鉴定和抗震加固，应根据建筑的重要性和使用要求，按现行国家标准《建筑抗震设防分类标准》GB 50223 分为 4 类，其抗震验算和抗震构造措施鉴定应符合下列要求：

甲类建筑，应专门研究确定。其抗震措施的核查及加固应按不低于乙类建筑的要求实施，抗震验算应按高于本地区的抗震设防烈度的要求实施。

乙类建筑，6 度～8 度时，其抗震措施的核查及加固应按比本地区抗震设防烈度提高一度的要求实施，9 度时应适当提高要求；其抗震验算应按不低于本地区抗震设防烈度的要求实施。

丙类建筑，抗震措施的核查及加固和抗震验算，应按本地区抗震设防烈度的要求实施。

丁类建筑，7 度～9 度时，其抗震措施的核查及加固应允许按比本地区设防烈度降低一度的要求实施；其抗震验算应允许按比本地区设防烈度适当降低的要求实施。6 度时应允许不作抗震鉴定。

注：本规程中，甲类、乙类、丙类、丁类，分别为现行国家标准《建

筑工程抗震设防分类标准》GB 50223 中特殊设防类、重点设防类、标准设防类、适度设防类的简称。

1.0.12 现有建筑的抗震鉴定与加固，除应满足本规程的要求外，尚应符合国家现行有关标准、规范的规定。

2 术语和符号

2.1 术 语

2.1.1 现有建筑 available buildings

除古建筑、属于拆除的危险建筑，以及未竣工验收的在建建筑以外的既有建筑。

2.1.2 抗震鉴定 seismic appraisal

通过检查现有建筑的设计、施工质量和现状，按规定的抗震设防要求，对其在地震作用下的安全性进行评估。

2.1.3 综合抗震能力 compound seismic capability

整个建筑结构综合考虑其构造和承载力等因素所具有的抵抗地震作用的能力。

2.1.4 墙体面积率 ratio of wall sectional area to floor area

墙体在楼层高度 1/2 处的净截面面积与同一楼层建筑平面面积的比值。

2.1.5 抗震墙基准面积率 characteristic ratio of seismic wall

以墙体面积率进行砌体结构简化的抗震验算时所取用的代表值。

2.1.6 结构构件现有承载力 available capacity of member

现有结构构件由材料强度标准值、结构构件（包括钢筋）实有的截面面积和对应于重力荷载代表值的轴向力所确定的结构构件承载力，包括现有受弯承载力和现有受剪承载力等。

2.1.7 抗震加固 seismic strengthening of building

使现有建筑达到规定的抗震设防要求而进行的设计及施工。

2.1.8 面层加固法 masonry strengthening with plaster splint

在砌体墙侧面增抹一定厚度的无筋、有钢丝网的水泥砂浆，形成组合墙体的加固方法。

2.1.9 板墙加固法 masonry strengthening with concrete splint

在砌体墙侧面绑扎钢筋网片后浇注或喷射一定厚度的混凝土，形成抗震墙的加固方法。

2.1.10 增设构造柱加固法 masonry strengthening with tie-column

在砌体墙交接处等增设钢筋混凝土构造柱，形成约束砌体的加固方法。

2.1.11 壁柱加固法 brick column strengthening with concrete column

在砌体墙垛（柱）侧面增设钢筋混凝土柱，形成组合构件的加固方法。

2.1.12 增大截面加固法 structure member strengthening with RC

在原有的钢筋混凝土梁柱或砌体柱外包一定厚度的钢筋混凝土的加固方法。

2.1.13 外包钢加固法 structure member strengthening with steel frame

对钢筋混凝土梁、柱外包型钢、扁钢焊成构架并灌注结构胶粘剂，以达到整体受力、共同约束原构件要求的加固方法。

2.2 符 号

2.2.1 作用和作用效应

N_G——对应于重力荷载代表值的轴向压力；

V_e——楼层的弹性地震剪力；

S——结构构件地震基本组合的作用效应设计值；

P_0——基础底面实际平均压力。

2.2.2 材料性能和抗力

M_y——构件现有受弯承载力；

V_y——构件或楼层现有受剪承载力；

R——结构构件承载力设计值；

f_{k0}——原材料的强度设计值；

f_k——加固材料的强度标准值。

2.2.3 几何参数

A_s——实有钢筋截面面积；

A_w——加固后抗震墙截面面积；

A_{cor}——环向围束内混凝土面积；

B——房屋宽度；

L——抗震墙之间楼板长度、抗震墙间距，房屋长度；

b——构件截面宽度；

h——构件截面高度；

l——构件长度、屋架跨度；

t——抗震墙厚度。

2.2.4 计算系数

β_0——原综合抗震承载力指数；

β_s——加固后的综合抗震承载力指数；

γ_{Ra}——抗震鉴定的承载力调整系数；

γ_{RS}——抗震加固的承载力调整系数；

η——加固后抗震能力的增强系数；

ξ_0——砖房抗震墙的基准面积率；

ξ_y——楼层屈服强度系数；

ψ_1——结构构造的体系影响系数；

ψ_2——结构构造的局部影响系数。

3 基本规定

3.1 抗震鉴定

3.1.1 现有建筑的抗震鉴定，宜按图 3.1.1 所示的程序进行。

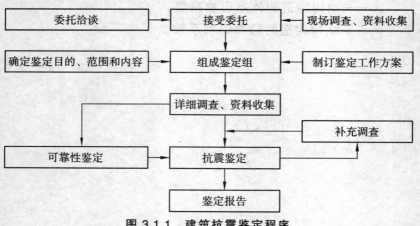

图 3.1.1 建筑抗震鉴定程序

3.1.2 抗震鉴定应以整栋建筑实施，不应以局部楼层、分户单元分离实施。当建筑与相邻建筑或结构单元间设有符合要求的防震缝分隔时，可分别进行抗震鉴定。

3.1.3 接受抗震鉴定委托时，委托方与受托方应对抗震鉴定的目的、内容和方法等事项进行充分协商，受托方应查证委托方提供的相关资料，必要时应赴现场进行初步调查。

当现有建筑可能存在正常使用环境条件下的安全隐患时，应同时委托进行现有建筑的可靠性鉴定。

3.1.4 抗震鉴定应包括下列内容及要求：

1 查证现有建筑建设的技术资料。包括：建筑地基勘探报告、施工图纸等设计资料、竣工图纸等施工资料、工程验收资料、维修及改造资料等；当资料不全时，应进行必要的补充实测。

2 现场调查建筑现状与原始资料相符合的程度，查找建筑设计计算、构造措施、材料性能和施工质量，以及使用或维护等是否存在不利于建筑抗震的相关缺陷。

3 根据各类建筑结构的特点、结构布置、构造、抗震承载能力等因素，采用相应的抗震鉴定方法，进行综合抗震能力分析。

4 对现有建筑整体抗震性能做出评价，对符合抗震鉴定要求的建筑应说明后续使用年限及条件，对不符合抗震鉴定要求的建筑提出相应的抗震减灾对策和处理意见。

3.1.5 现有建筑的抗震鉴定，应根据下列情况区别对待：

1 不同结构类型的建筑，检查的重点、项目内容和要求应按本规程相应各章的规定进行。

2 对重点部位与一般部位，应按不同的要求进行检查和鉴定。重点部位指影响该类建筑结构整体抗震性能的关键部位和易导致局部倒塌伤人的构件、部件，以及地震时可能造成次生灾害的部位。

3 对抗震性能有整体影响的构件和仅有局部影响的构件，在综合抗震能力分析时应分别对待。

3.1.6 抗震鉴定分为两级。第一级鉴定应以宏观控制和构造鉴定为主进行综合评价，第二级鉴定应以抗震验算为主结合构造影响进行综合评价。

Ⅰ类建筑的抗震鉴定，当符合第一级鉴定的各项要求时，建筑可评为满足抗震鉴定要求，不再进行第二级鉴定；当不符合第一级鉴定要求时，除本规程各章有明确规定的情况外，应由第二级鉴定做出判断。

Ⅱ类建筑和Ⅲ类建筑的抗震鉴定，第一级鉴定应以宏观控制和构造进行鉴定；第二级鉴定应以房屋抗震承载力验算进行鉴定，主要抗侧力构件的抗震承载力不应低于规定的 95%，次要抗侧力构件的抗震承载力不应低于规定的 90%。两级鉴定同时满足的建筑可评为满足抗震鉴定要求，当不符合各级鉴定的要求时，均应采取加固或其他相应措施。

3.1.7 抗震鉴定时，建筑的宏观控制和构造鉴定，应符合下列基本要求：

1 建筑的总高度、层数及层高，以及结构的平、立面布置应符合本规程各章规定。

2 当建筑的平立面、质量、刚度分布和墙体等抗侧力构件的布置在平面内明显不对称时，应进行地震扭转效应不利影响的分析；当结构竖向抗侧力构件上下不连续或刚度沿高度分布突变时，应找出薄弱部位并按相应的要求鉴定。

3 结构体系的合理性和能力要求，应符合下列规定：

1）结构体系的地震作用传递途径应清晰、合理，宜有多道抗震防线。

2）受力构件或部件的破坏，不会导致整个体系丧失抗震能力或丧失对重力荷载的承载能力；当房屋有错层或不同类型结构体系相连时，应提高其相应部位的抗震鉴定要求。

3）应具备必要的抗震承载力、良好的变形能力和消耗地震能量的能力；宜具有合理的刚度和承载力分布，避免因局部削弱或突变形成薄弱部位，产生过大的应力集中或塑性变形集中。

4）支撑系统应完整、连接牢固，并满足结构整体性的要求。

4　当结构构件的尺寸、截面形式等不满足抗震要求时，宜提高该构件的配筋等构造的抗震鉴定要求。

5　结构构件的连接构造除应满足结构整体性的要求外，尚应符合下列要求：

1）构件节点的破坏，不应先于其连接构件破坏。

2）预埋件的锚固破坏，不应先于其连接件破坏；装配式结构构件的连接，应能保证结构的整体性。

3）预应力混凝土构件的预应力钢筋，宜在节点核心区以外锚固。

6　非结构构件与主体结构的连接构造应满足不塌落伤人或对主体结构造成破坏的要求；位于出入口、疏散通道等人流通道的非结构构件，其连接构造应牢固可靠。

7　结构材料实际达到的强度等级，应不低于本规程各章规定的最低要求。

8　当建筑场地位于抗震不利地段时，尚应符合地基基础的有关鉴定要求。

3.1.8　当符合本规程各章具体规定时，可不进行抗震鉴定验算。其他情况，至少在两个主轴方向分别按本规程各章规定的具体方法进行结构的抗震验算。

当本规程未给出具体方法时，可采用国家标准《建筑抗震设计规范》规定的方法，按下式进行结构构件抗震验算：

$$S \leqslant R/\gamma_{Ra} \tag{3.1.8}$$

式中　S——结构构件内力（轴向力、剪力、弯矩等）组合的设计值；计算时,有关的荷载、地震作用、作用分项系数、组合值系数和作用效应系数，应按设计时执行的国家标准《建筑抗震设计规范》的规定采用。其中，Ⅰ类建筑的设计特征周期可按表 3.1.8 确定，Ⅱ类建筑和Ⅲ类建筑的设计特征周期应按现行国家标准《建筑抗震设计规范》确定；抗震建筑地震作用效应（内力）调整系数应按本规程各章规定采用，8 度和 9 度时的大跨度和长悬臂结构应计算竖向地震作用。

表 3.1.8　特征周期值（s）

设计地震分组	场地类别			
	Ⅰ	Ⅱ	Ⅲ	Ⅳ
第一组、第二组	0.20	0.30	0.40	0.65
第三组	0.25	0.40	0.55	0.85

　　R——结构构件承载力设计值，按设计时执行的国家标准《建筑抗震设计规范》的规定采用；材料强度等级按现场检测结果确定。

　　γ_{Ra}——抗震鉴定的承载力调整系数。一般情况下，γ_{Ra}可按设计时执行的国家标准《建筑抗震设计规范》承载力抗震调整系数值确定。当结构构件抗震验算按现行国家标准《建筑抗震设计规范》GB 50011 规定采用时，Ⅰ类建筑中钢筋混

凝土构件的 γ_{Ra} 应按规定值的 0.85 倍采用；Ⅱ类建筑中主要抗侧力构件的 γ_{Ra} 应按规定值的 0.95 倍采用，其他抗侧力构件的 γ_{Ra} 应按规定值的 0.90 倍采用；Ⅲ类建筑中结构构件的 γ_{Ra} 应按规定值采用。

3.1.9 现有建筑抗震鉴定验算时，应遵循下列规定：

1 Ⅰ类建筑应按本规程各章给出的公式进行综合抗震能力指数计算。

2 Ⅱ类、Ⅲ类建筑验算结构抗震承载力时，按下列规定执行：

1）结构验算采用的计算模型，应符合结构实际受力情况和构造状况；结构上的作用应按实际作用取值。

2）确定结构作用效应组合时，其作用效应组合、作用的分项系数及组合系数，可按原设计采用的国家标准《建筑结构荷载规范》的相关规定执行；当温度、变形对其承载力有显著影响时，应计入由其产生的附加应力。

3）构件材料强度标准值，应按实测鉴定结果采用。有充分理由证明其实际强度变化较小时，可采用原设计的标准值。

4）结构或构件的几何尺寸，应采用实测值。当锈蚀、风化、使用缺损及施工偏差小于原设计尺寸的 5%时，可采用原设计尺寸。

3.1.10 当现有建筑有受损结构构件时，其抗震验算应符合下列要求：

1 对经一般修复即可恢复原性能的受损结构构件，在对结构进行整体计算分析时，对受损的结构构件可按完好对待，但在抗震鉴定结论中应注明必须进行修复。

2 当局部结构构件的严重受损或破坏程度尚未影响进行结构体系整体分析验算时，其严重受损或破坏的结构构件不应参与结构体系的整体分析验算。

3 当结构构件的严重受损或破坏程度已导致结构体系失效或传力途径显著不合理，或已严重影响进行结构体系整体分析验算时，可不再进行结构构件的抗震验算，在分析后直接判定为不符合抗震要求。

3.1.11 现有建筑的抗震鉴定要求，可根据建筑所在场地、地基和基础等的有利和不利因素，作下列调整：

1 7度、8度、9度时，Ⅰ类场地上的丙类建筑，构造要求可降低1度。

2 Ⅳ类场地、复杂地形、严重不均匀土层上的建筑以及同一建筑单元存在不同基础类型时，可提高抗震鉴定要求。

3 建筑场地为Ⅲ类、Ⅳ类时，对7度强（设计基本地震加速度为0.15g）和8度强（设计基本地震加速度为0.30g）的地区，各类建筑的抗震构造措施宜分别按8度（0.2g）和9度（0.4g）抗震设防采用。

4 有全地下室、箱基、筏基和桩基的建筑，对上部结构的圈梁设置、支撑系统和其他连接措施进行抗震鉴定时，可按降低1度要求实施，其他构造措施不应降低。

5 当城市密集建筑群的建筑间距小于8 m或小于建筑高度1/2的住宅，对较高建筑的相关部分，以及防震缝两侧的建筑局部区域，其抗震构造措施宜按提高1度进行鉴定。

3.1.12 对不符合抗震鉴定要求的建筑，可根据其不符合要求的程度、部位对结构整体抗震性能影响的大小，以及可靠性鉴定的实际情况，结合使用要求、城市规划和加固难易等因素的分析，通过技术经济比较，提出相应的维修、加固、改造或拆除等抗震减灾对策。

3.2 抗震加固

3.2.1 现有建筑的抗震加固工作程序应按：抗震鉴定→抗震加固设计→抗震加固施工图审查→施工方案编制→施工→验收等实施。

3.2.2 现有建筑抗震加固设计的设防烈度、抗震设防类别，应与抗震鉴定报告保持一致。

3.2.3 抗震加固设计中加固方法及相关措施的选择，应针对抗震鉴定中的不符合项或隐患，经综合分析后确定。当抗震鉴定报告的深度不足以指导抗震加固时，不应盲目进行抗震加固设计。

3.2.4 抗震加固总体方案应满足下列要求：

1 抗震加固的意图应明确，设防标准合理且符合规定，加固方法成熟可靠且易于实施，并尽可能减少对生产和生活的影响，以及有利于改善使用功能和建筑美观的要求。

2 抗震加固设计方案可分别采用房屋整体加固、区段加固或构件加固，但应符合加强整体性、改善构件的受力状况和提高综合抗震能力的要求。

3 抗震加固方案应有利于增强结构整体抗震性能；有利于加固后的结构质量和刚度分布均匀、对称；有利于消除不利于抗震的因素，改善结构构件的受力状况。

4 对受损的结构构件修复加固或替换时,应对受损结构构件修复加固或更换的有效性进行分析,应能满足结构构件的受力和传力所需的能力和构造要求。

5 根据建筑场地及地基基础的综合分析,宜减少地基基础的加固工程量,多采取提高上部结构抵抗不均匀沉降能力的措施。

6 综合考虑其技术经济效果。结合原结构构件的具体特点和技术经济条件,宜采用新技术、新材料,并宜避免结构构件不必要的拆除或更换。

当对同一结构构件进行消除常规的安全隐患和抗震隐患的加固设计时,应采用兼顾满足两项要求的加固方法。

3.2.5 抗震加固的设计原则应符合下列要求:

1 抗震加固或增设构件的布置,应消除或减少不利于抗震的因素,防止局部加强导致结构刚度或强度的突变。

2 增设构件与原结构构件之间应有可靠连接;增设的抗震墙、柱等竖向结构构件应有可靠的基础。

3 抗震加固所用材料类型与原结构相同时,其强度等级不应低于原结构材料的实际强度等级。

4 不符合抗震鉴定要求的女儿墙、门脸、出屋顶烟囱、广告牌、灯箱、屋顶水箱、屋顶廊架等易倒塌伤人的非结构构件和局部堆载,宜拆除或拆矮,当确需保留时,应采取加固措施。

5 抗震薄弱部位、易损部位和不同类型结构的连接部位,其承载力或变形能力宜采取比一般部位增强的措施。

6 非结构构件的连接构造受损或不符合要求时,应对其进行修复或加固。

3.2.6 抗震加固设计的结构抗震验算，应符合下列要求：

1 当抗震设防烈度为 6 度时，除本规程有具体规定外，可不进行结构构件截面的抗震验算，但应满足相应的构造要求。

2 结构的计算简图应根据建筑加固后的所有荷载（包括结构构件荷载、装修荷载及使用荷载等），以及抗震设防确定地震作用等实际受力状况确定；当加固后结构刚度和重力荷载代表值的变化分别不超过原来的 10% 和 5% 时，可不计入地震作用变化的影响。

3 对受损构件加固后的承载力进行验算时，宜结合被加固结构构件的受损程度，以及修复加固中新旧材料黏结的可靠程度，对加固后的承载能力予以 0.7 ~ 0.9 折减。

4 结构构件的计算截面面积及配筋，应采用实际有效的截面面积及配筋。

5 结构构件承载力验算时，应计入实际荷载偏心、结构构件变形等造成的附加内力，并应考虑新增设的结构构件实际受力程度、应变滞后和与原结构构件协同工作等因素。

6 在条状突出的山嘴、高耸孤立的山丘、非岩石的陡坡、河岸和边坡边缘等不利地段，水平地震作用应对规定值乘以 1.1 ~ 1.6 的增大系数。

7 Ⅰ类建筑采用综合抗震能力指数进行结构抗震验算时，体系影响系数和局部影响系数应按建筑抗震加固设计确定的实际状况取值，其楼层综合抗震能力指数应大于 1.0，并应防止出现新的综合抗震能力指数突变的楼层。

8 抗震加固设计中结构抗震验算的承载能力调整系数，应不低于抗震鉴定采用的调整系数。

3.2.7 结构抗震加固所用的砌体块材、砌筑砂浆和混凝土强度等级，以及钢筋、钢材的性能指标，应符合国家相关标准规定和本规程各章具体要求，并符合下列规定：

1 混凝土的强度等级应比原结构构件提高一级，且不应低于 C20。

2 砖的强度等级不应低于 MU10，混凝土小型空心砌块的强度等级不应低于 MU7.5；砌筑砂浆强度等级宜比原砌体提高一级，且砖砌体不应低于 M5,混凝土小型空心砌块砌体不应低于 Mb7.5。

3 纵向受力钢筋宜采用符合抗震性能指标的 HRB500 级、HRB400 级的热轧钢筋，箍筋宜采用 HPB300 级的热轧钢筋。

4 型钢钢材宜采用 Q235 等级 B、C、D 的碳素结构钢及 Q345 等级 B、C、D、E 的低合金高强度结构钢。

5 结构胶黏剂、裂缝注浆料、水泥灌浆料、聚合物改性水泥砂浆、纤维复合材、钢丝绳、合成纤维改性混凝土和砂浆、钢纤维混凝土、后锚固连接件等加固材料的安全性，应满足现行国家标准《工程结构加固材料安全性鉴定技术规范》GB 50728 的要求，并符合本规程各章的相关规定。

3.2.8 抗震加固的施工应符合下列要求：

1 施工方应与设计方进行充分的技术沟通，根据加固的内容、方法和要求，以及加固工程现场实际情况，编制加固施工方案、施工安全方案和加固施工组织设计。

2 施工中应采取有效的质量控制措施和相应的质量记录。

3 当对结构构件更换和拆改时，应采取措施避免或减少损伤原结构构件。

4 对可能导致倾斜、开裂或局部倒塌等的情况，应预先采取安全支护措施。施工中发现原结构构件或相关隐蔽部位的构造有严重缺陷时，以及在抗震加固过程中发现结构构件变形增大、裂缝扩展或数量增多等异常情况时，应暂停施工，采取必要的应急支护措施，并及时会同设计方人员商定处置措施。

3.2.9 抗震加固施工完成后，建设方应组织对抗震加固工程的施工质量进行验收。施工质量验收应满足现行国家标准《建筑结构加固工程施工质量验收规范》GB 50550 的要求，并符合下列规定：

1 满足建筑抗震加固设计的要求。

2 抗震加固主要材料的材质证明、检验报告等资料应齐全、合格和有效。

3 符合本规程相关章节中加固方法的要求和质量检查与验收章节的要求，隐蔽验收、分项验收等资料应齐全、合格和有效。

4 建筑抗震加固施工过程中未发生质量事故，或已对质量事故处理并验收合格。

5 现场外观检查无质量问题。

4 地基和基础

4.1 抗震鉴定

Ⅰ 场 地

4.1.1 6、7度时及建造于对抗震有利地段的建筑，可不进行场地对建筑影响的抗震鉴定。

注：1 对建造于危险地段的建筑，场地对建筑影响应按专门规定鉴定。

2 有利、不利等地段和场地类别，按国家标准《建筑抗震设计规范》GB 50011 划分。

4.1.2 对建造于危险地段的现有建筑，应结合规划更新（迁离）；暂时不能更新的，应进行专门研究，并采取应急的安全措施。

4.1.3 7~9度时，建筑场地为条状突出山嘴、高耸孤立山丘、非岩石和强风化岩陡坡、河岸和边坡的边缘等不利地段，应对其地震稳定性、地基滑移及对建筑的可能危害进行评估；非岩石斜坡的坡度及建筑场地与坡脚的高差均较大时，应估算局部地形导致其地震影响增大的后果。

4.1.4 建筑场地有液化侧向扩展且距常时水线 100 m 范围内，应判明液化后土体流滑与开裂的危险。

Ⅱ 地基和基础

4.1.5 地基基础现状的鉴定，应着重调查上部结构的不均匀沉降裂缝和倾斜，基础有无腐蚀、酥碱、松散和剥落，上部结构的裂缝、倾斜有无发展趋势。

4.1.6 符合下列情况之一的现有建筑，可不进行地基基础的抗震鉴定：

    1 丁类建筑；

    2 6度时各类建筑；

    3 7度时地基基础现状无严重静载缺陷的乙、丙类建筑；

    4 地基主要受力层范围内不存在软弱土、饱和砂土和饱和粉土或严重不均匀土层的乙、丙类建筑。

4.1.7 对地基基础现状进行鉴定时，当基础无腐蚀、酥碱、松散和剥落，上部结构无不均匀沉降裂缝和倾斜，或虽有裂缝、倾斜但不严重且无发展趋势时，该地基基础可评为无严重静载缺陷。

4.1.8 存在软弱土、饱和砂土和饱和粉土的地基基础，应根据烈度、场地类别、建筑现状和基础类型，进行液化、震陷及抗震承载力的两级鉴定。符合第一级鉴定的规定时，可不再进行第二级鉴定。

    静载下已出现严重缺陷的地基基础，应同时审核其静载下的承载力。

4.1.9 地基基础的第一级鉴定应符合下列要求：

    1 基础下主要受力层存在饱和砂土或饱和粉土时，对下列情况可不进行液化影响的判别：

        1）对液化沉陷不敏感的丙类建筑；

        2）符合国家标准《建筑抗震设计规范》GB 50011 液化初步判别要求的建筑。

2 基础下主要受力层存在软弱土时，对下列情况可不进行建筑在地震作用下沉陷的估算：

1）8、9度时，地基土静承载力特征值分别大于 80 kPa 和 100 kPa；

2）基础底面以下的软弱土层厚度不大于 5 m。

3 采用桩基的建筑，对下列情况可不进行桩基的抗震验算：

1）按现行国家标准《建筑抗震设计规范》GB 50011 规定可不进行桩基抗震验算的建筑；

2）位于斜坡但地震时土体稳定的建筑。

4.1.10 地基基础的第二级鉴定应符合下列要求：

1 饱和土液化的第二级判别，应按现行国家标准《建筑抗震设计规范》GB 50011 的规定，采用标准贯入试验判别法。判别时，可计入地基附加应力对土体抗液化强度的影响。存在液化土时，应确定液化指数和液化等级，并提出相应的抗液化措施。

2 软弱土地基及 8、9 度时Ⅲ、Ⅳ类场地上的高层建筑和高耸结构，应进行地基和基础的抗震承载力验算。

4.1.11 现有天然地基的抗震承载力验算，应符合下列要求：

1 天然地基的竖向承载力，可按现行国家标准《建筑抗震设计规范》GB 50011 规定的方法验算，其中，地基土静承载力特征值应改用长期压密地基土静承载力特征值，其值可按下式计算：

$$f_{sE} = \zeta_s f_{sc} \qquad (4.1.11\text{-}1)$$

$$f_{sc} = \zeta_c f_s \qquad (4.1.11\text{-}2)$$

式中　f_{sE}——调整后的地基土抗震承载力特征值（kPa）；

　　ζ_s——地基土抗震承载力调整系数，可按现行国家标准《建筑抗震设计规范》GB 50011 采用；

　　f_{sc}——长期压密地基土静承载力特征值（kPa）；

　　f_s——地基土静承载力特征值（kPa），其值可按现行国家标准《建筑地基基础设计规范》GB 50007 采用；

　　ζ_c——地基土静承载力长期压密提高系数，其值可按表4.1.11 采用。

表 4.1.11　地基土静承载力长期压密提高系数

年限与岩土类别	P_0/f_s			
	1.0	0.8	0.4	<0.4
2 年以上的砾、粗、中、细、粉砂	1.2	1.1	1.05	1.0
5 年以上的粉土和粉质黏土				
8 年以上地基土静承载力标准值大于100 kPa 的黏土				

注：1　P_0指基础底面实际平均压应力（kPa）；

　　2　使用期不够或岩石、碎石土、其他软弱土，提高系数值可取1.0。

2　承受水平力为主的天然地基验算水平抗滑时，抗滑阻力可采用基础底面摩擦力和基础正侧面土的水平抗力之和；基础正侧面土的水平抗力,可取其被动土压力的 1/3；抗滑安全系数不宜小于 1.1；当刚性地坪的宽度不小于地坪孔口承压面宽度的 3 倍时，尚可利用刚性地坪的抗滑能力。

4.1.12　桩基的抗震承载力验算，可按现行国家标准《建筑抗震设计规范》GB 50011 规定的方法进行。

4.1.13 7～9 度时山区建筑的挡土结构、地下室或半地下室外墙的稳定性验算，可采用现行国家标准《建筑地基基础设计规范》GB 50007 规定的方法；抗滑安全系数不应小于 1.2，抗倾覆安全系数不应小于 1.4。验算时，土的重度应除以地震角的余弦，墙背填土的内摩擦角和墙背摩擦角应分别减去地震角和增加地震角。地震角可按表 4.1.13 采用。

表 4.1.13　挡土结构的地震角

类　别	7 度		8 度		9 度
	0.1g	0.15g	0.2g	0.3g	0.4g
水　上	1.5°	2.3°	3°	4.5°	6°
水　下	2.5°	3.8°	5°	7.5°	10°

4.1.14 同一建筑单元存在不同类型基础或基础埋深不同时，宜根据地震时可能产生的不利影响，估算地震导致两部分地基的差异沉降，检查基础抵抗差异沉降的能力，并检查上部结构相应部位的构造抵抗附加地震作用和差异沉降的能力。

4.2　抗震加固

4.2.1 本节适用于存在软弱土、液化土、明显不均匀土层的抗震不利地段上的建筑地基和基础的加固。不利地段应按现行国家标准《建筑抗震设计规范》GB 50011 划分。

4.2.2 抗震加固时，天然地基承载力可计入建筑长期压密的影响，按本规程第 4.1.10 条第 1 款规定的方法进行验算，其中，基础底面压力设计值应按加固后的情况计算，而地基土长期压密提高系数仍按加固前取值。

4.2.3 当地基竖向承载力不能满足要求时，可作下列处理：

    1 当基础底面压力设计值超过地基承载力特征值 10%以内时，可采用提高上部结构抵抗不均匀沉降能力的措施。

    2 当基础底面压力设计值超过地基承载力特征值 10%及以上或建筑已出现不容许的沉降和裂缝时，可采取放大基础底面积、加固地基或减少荷载的措施。

4.2.4 当地基或桩基的水平承载力不能满足要求时，可作下列处理：

    1 基础顶面、侧面无刚性地坪时，可增设刚性地坪。

    2 可沿基础顶部增设基础梁，将水平荷载分散到相邻的基础上。

4.2.5 液化地基的液化等级为严重时，对乙类和丙类设防的建筑，宜采取消除液化沉降或提高上部结构抵抗不均匀沉降能力的措施；液化地基的液化等级为中等时，对乙类设防的Ⅱ类建筑，宜采取提高上部结构抵抗不均匀沉降能力的措施。

4.2.6 为消除液化沉降进行地基处理时，可选用下列措施：

    1 桩基托换：将基础荷载通过桩传到非液化土上，桩端（不包括桩尖）伸入非液化土中的长度应按计算确定，且对碎石土，砾、粗、中砂，坚硬黏性土和密实粉土尚不应小于 0.5 m，对其他非岩石土尚不宜小于 1.5 m。

    2 压重法：对地面标高无严格要求的建筑，可在建筑周围堆土或重物，增加覆盖压力。

    3 覆盖法：将建筑的地坪和外侧排水坡改为钢筋混凝土整体地坪。地坪应与基础或墙体锚固，地坪下应设厚度为

300 mm 的砂砾或碎石排水层；室外地坪宽度宜为 4~5 m。

4 排水桩法：在基础外侧设碎石排水桩，在室内设整体地坪。排水桩不宜少于两排，桩距基础外缘的净距不应小于 1.5 m。

5 旋喷法：穿过基础或紧贴基础打孔，制作旋喷桩，桩长应穿过液化层并支承在非液化土层上。

4.2.7 对液化地基、软土地基或明显不均匀地基上的建筑，可采取下列提高上部结构抵抗不均匀沉降能力的措施：

1 提高建筑的整体性或合理调整荷载。

2 加强圈梁与墙体的连接。当可能产生差异沉降或基础埋深不同且未按 1/2 的比例过渡时，应局部加强圈梁。

3 用钢筋网砂浆面层等加固砌体墙体。

4.2.8 存在严重不均匀地基的建筑物，对不均匀沉降敏感或重点的建筑物，当基础底面压力增加过多时，在抗震加固施工期间及使用期间宜进行基础沉降变形观测。

4.2.9 其他地基基础加固方法。地基基础的加固也可根据抗震鉴定结果采用行业标准《既有建筑地基基础加固技术规范》JGJ 123 中相应的方法进行加固。

5 多层砌体房屋

5.1 一般规定

I 抗震鉴定

5.1.1 本章适用于烧结普通黏土砖、烧结多孔黏土砖、混凝土中型空心砌块、混凝土小型空心砌块、粉煤灰中型实心砌块砌体承重的多层房屋。

> 注：1 对于单层砌体房屋，当横墙间距不超过三开间时，可按本章规定的原则进行抗震鉴定；
>
> 2 本章中烧结普通黏土砖、烧结多孔黏土砖、混凝土小型空心砌块、混凝土中型空心砌块、粉煤灰中型实心砌块分别简称为普通砖、多孔砖、混凝土小型砌块、混凝土中型砌块、粉煤灰中砌块。

5.1.2 砌体结构房屋按本规程 1.0.9 条的规定确定建筑类别并分别按 5.2、5.3、5.4 节的相关规定进行抗震鉴定。

5.1.3 应重点检查房屋的高度和层数、抗震墙的厚度和间距、墙体的砂浆强度等级和砌筑质量、墙体交接处的连接、女儿墙和出屋面烟囱等易引起倒塌伤人的部位；同时应检查楼、屋盖处的圈梁设置，构造柱的设置，楼、屋盖与墙体的连接构造，墙体布置的规则性等。

5.1.4 多层砌体房屋的外观和内在质量应符合下列要求：

1 墙体不空鼓、无严重酥碱和明显歪闪。

2 支承大梁、屋架的墙体无竖向裂缝，承重墙、自承重墙及其交接处无明显裂缝。

3 木楼、屋盖构件无明显变形、腐朽、蚁蚀和严重开裂。

4 混凝土构件符合本规程第 6.2.3 条的有关规定。

Ⅱ 抗震加固

5.1.5 砖墙体和砌块墙体承重的多层房屋适用的最大高度和层数应符合本规程 5.2 节、5.3 节、5.4 节相应部分条款的规定。当现有多层砌体房屋的总高度或层数超过规定的限值时，应该采取下列抗震对策：

1 当现有多层砌体房屋的总高度超过规定的高度而层数不超过规定的限值时，应采取高于一般房屋的承载力且加强墙体约束的有效措施。

2 当现有多层砌体房屋的层数超过规定的限值时，应当改变结构体系或减少层数；乙类设防的房屋，也可改变用途按丙类设防使用，并符合丙类设防的层数限值；当采用改变结构体系的方案时，应在两个方向增设一定数量的钢筋混凝土墙体，新增的混凝土墙应计入竖向压应力滞后的影响并宜承担结构的全部地震作用。

3 当丙类设防且横墙较少的房屋超过规定的限值 1 层和 3 m 以内时，应提高墙体承载力且新增构造柱、圈梁等应达到现行国家标准《建筑抗震设计规范》GB 50011 对横墙较少房屋不减少层数和高度的相关要求。

5.1.6 Ⅰ类砌体房屋的抗震加固应符合下列要求：

1 加固后的楼层综合抗震能力指数不应小于 1.0，且不宜超过下一楼层综合抗震能力指数的 20%；当超过时应同时增强下一楼层的抗震能力。

2 自承重墙加固后的抗震能力不应超过同一楼层中承重墙加固后的抗震能力。

3 对非刚性结构体系的房屋，选用抗震加固方案时应特别慎重，当采用加固柱或墙垛，增设支撑或支架等非刚性结构体系的加固措施时，应控制层间位移和提高其变形能力。

4 加固后的楼层和墙段的综合抗震能力指数可按下列公式验算：

$$\beta_s = \eta \psi_1 \psi_2 \beta_0 \qquad (5.1.6)$$

式中 β_s ——加固后楼层或墙段的综合抗震能力指数；

η ——加固增强系数，可按本节相应条款规定确定；

β_0 ——楼层或墙段原有的抗震能力指数，应分别按本规程第 5.2 节规定的有关方法计算；

ψ_1、ψ_2 ——体系影响系数和局部影响系数，应根据房屋加固后的状况，按本规程第 5.2 节的有关规定取值。

5.1.7 Ⅱ、Ⅲ类砌体房屋加固后的房屋抗震承载力验算可按本规程 5.3、5.4 节的相关规定进行。

对于有震害损伤的房屋进行抗震验算时，应考虑震损程度的影响。

5.2 Ⅰ类砌体结构房屋抗震鉴定

5.2.1 砌体房屋的抗震鉴定可按房屋高度和层数、结构体系、房屋整体性连接、局部易损易倒部位的构造及墙体抗震承载力，对整幢房屋的综合抗震能力进行两级鉴定。符合第一级鉴定（第 5.2.2 条 ~ 第 5.2.7 条）的各项规定时，可评为满足抗震鉴定要求；不符合第一级鉴定要求时，除有明确规定的情况外，应由第二级鉴定（第 5.2.8 条 ~ 第 5.2.13 条）做出判断。

5.2.2 砖墙体和砌块墙体承重的多层房屋,其高度和层数不宜超过表 5.2.2 所列的范围。对隔开间或多开间设置横向抗震墙的房屋，其适用高度和层数宜比表 5.2.2 的规定分别降低 3 m 和一层；当超过规定的适用范围时，应提高对综合抗震能力的要求或提出改变结构体系的要求等。

表 5.2.2　Ⅰ类多层砌体房屋鉴定的最大高度（m）和层数

墙体类别	墙体厚度 (mm)	6 度		7 度		8 度		9 度	
		高度	层数	高度	层数	高度	层数	高度	层数
黏土砖实心墙	≥240	24	8	22	7	19	6	13	4
	180	16	5	16	5	13	4	10	3
多孔砖墙	180～240	16	5	16	5	13	4	10	3
黏土砖空心墙	420	19	6	19	6	13	4	10	3
	300	13	4	13	4	10	3	不应采用	不应采用
黏土砖空斗墙	240	10	3	10	3	10	3	不应采用	不应采用
混凝土中型空心砌块	≥240	19	6	19	6	13	4	不应采用	不应采用
混凝土小型空心砌块	≥190	22	7	22	7	16	5	不应采用	不应采用
粉煤灰中型实心砌块	≥240	19	6	19	6	13	4	不应采用	不应采用
	180～240	16	5	16	5	10	3	不应采用	不应采用

注:1　房屋层数不包括全地下室和出屋顶小房间;层高不宜超过 4 m;

　　2　房屋高度计算方法同现行国家标准《建筑抗震设计规范》GB 50011 的规定;

　　3　房屋上、下部分的墙体类别不同时，应按上部墙体类别查表;

　　4　乙类设防时应允许按本地区设防烈度查表，但层数应减少一层且总高度应降低 3 m，其抗震墙不应为 180 mm 普通砖实心墙;

　　5　黏土砖空斗墙指由两片 120 mm 厚砖墙或 120 mm 厚砖墙与 240 mm 厚砖墙通过卧砌砖连成的墙体。

5.2.3 现有房屋的结构体系应符合下列规定：

1 房屋实际的高宽比和横墙间距应符合下列刚性体系的要求：

1）房屋的高度与宽度（对外廊房屋，此宽度不包括其走廊宽度）之比不宜大于 2.2，且高度不大于底层平面的最长尺寸；

2）抗震横墙的最大间距应符合表 5.2.3 的规定。

2 房屋的平、立面和墙体布置宜符合下列规则性的要求：

1）质量和刚度沿高度分布比较规则均匀，立面高度变化不超过一层，同一楼层的楼板标高相差不大于 500 mm；

2）楼层的质心和计算刚心基本重合或接近。

3 跨度不小于 6 m 的大梁，不宜由独立砖柱支承；乙类设防时不应由独立砖柱支承。

4 教学楼、医疗用房等横墙较少、跨度较大的房间，宜为现浇或装配整体式楼、屋盖。

表 5.2.3 刚性体系的抗震横墙最大间距（m）

楼、屋盖类别	墙体类别	墙体厚度（mm）	6、7度	8度	9度
现浇或装配整体式混凝土	砖实心墙	≥240	15	15	11
	其他墙体	≥180	13	10	—
装配式混凝土	砖实心墙	≥240	11	11	7
	其他墙体	≥180	10	7	—
木、砖拱	砖实心墙	≥240	7	7	4

注：对Ⅳ类场地，表内的最大间距值应减少 3 m 或 4 m 以内的一开间。

5.2.4 承重墙体的砖、砌块和砂浆实际达到的强度等级，应符合下列要求：

1 砖强度等级不宜低于 MU7.5，且不低于砌筑砂浆强度等级；中型砌块的强度等级不宜低于 MU10，小型砌块的强度等级不宜低于 MU5。砖、砌块的强度等级低于上述规定一级以内时，墙体的砂浆强度等级宜按比实际达到的强度等级降低一级采用。

2 墙体的砌筑砂浆强度等级，6 度或 7 度时，二层及以下的砖砌体不应低于 M0.4，当 7 度并超过二层或 8、9 度时不宜低于 M1；砌块墙体不宜低于 M2.5。砂浆强度等级高于砖、砌块的强度等级时，墙体的砂浆强度等级宜按砖、砌块的强度等级采用。

5.2.5 现有房屋的整体性连接构造，应符合下列规定：

1 纵横墙交接处应有可靠连接，当不符合下列要求时，应采取加固或其他相应措施：

1）墙体布置在平面内应闭合；纵横墙连接处墙体内应无烟道、通风道等竖向孔道；乙类设防时，尚应按本地抗震设防烈度检查房屋的构造柱设置是否满足表 5.2.5-1 的要求。

2）纵横墙交接处应咬槎较好；当为马牙槎砌筑或有钢筋混凝土构造柱时，沿墙高每 10 皮砖（中型砌块每道水平灰缝）应有 2φ6 拉结钢筋；空心砌块有钢筋混凝土芯柱时，芯柱在楼层上下应连通，且沿墙高每隔 0.6 m 应有 φ4 点焊钢筋网片与墙拉结。

表 5.2.5-1　乙类设防时Ⅰ类砌体房屋构造柱设置要求

房屋层数				设置部位	
6度	7度	8度	9度		
4、5	3、4	2、3		外墙四角，错层部位横墙与外纵墙交接处，较大洞口两侧，大房间内外墙交接处	7、8度时，楼梯间、电梯间四角
6、7	5、6	4	2		隔开间横墙（轴线）与外墙交接处，山墙与内纵墙交接处；7~9度时，楼梯间、电梯间四角
		5	3		内墙（轴线）与外墙交接处，内墙的局部较小墙垛处；7~9度时，楼梯间、电梯间四角；9度时内纵墙与横墙（轴线）交接处

注：横墙较少时，按增加一层的层数查表。砌块房屋按表中提高一度的要求检查芯柱或构造柱。

2　楼、屋盖的连接应符合下列要求：

1）装配式钢筋混凝土楼板或屋面板，当圈梁未设在板的同一标高时，板端伸进外墙的长度不应小于 120 mm，伸进内墙的长度不宜小于 100 mm，且不应小于 80 mm，在梁上不应小于 80 mm；

2）当板的跨度大于 4.8 m 并与外墙平行时，靠外墙的预制板侧边应与墙或圈梁拉结；

3）房屋端部大房间的楼盖，8 度时房屋的屋盖和 9 度时房屋的楼、屋盖，当圈梁设在板底时，钢筋混凝土预制板应相互拉结，并应与梁、墙或圈梁拉结；

4）木屋架不应为无下弦的人字屋架，隔开间应有一道竖向支撑或有木望板和木龙骨顶棚，当不符合时应采取加固或其他相应措施；

5）楼、屋盖构件的支承长度不应小于表 5.2.5-2 的规定：

表 5.2.5-2 楼、屋盖构件的最小支承长度（mm）

构件名称	混凝土预制板		预制进深架	木屋架、木大梁	对接檩条	木龙骨、木檩条
位　　置	墙上	梁上	墙上	墙上	屋架上	墙上
支承长度	100	80	180且有梁垫	240	60	120

3 圈梁的布置和构造应符合下列要求：

1）现浇钢筋混凝土楼、屋盖可无圈梁。

2）装配式混凝土楼、屋盖（或木屋盖）砖房的圈梁布置和配筋，不应少于表 5.2.5-3 的规定,圈梁截面高度不应小于 120 mm，圈梁位置与楼、屋盖宜在同一标高或紧靠板底；纵墙承重房屋的圈梁布置要求应相应提高；空斗墙、空心墙和 180 mm 厚砖墙的房屋，外墙每层应有圈梁，内墙隔开间宜有圈梁。

3）装配式混凝土楼、屋盖的砌块房屋，每层均应有圈梁；内墙上圈梁的水平间距，7、8 度时分别不宜大于表 5.2.5-3 中 8、9 度时的相应规定；圈梁截面高度，中型砌块房屋不宜小于 200 mm，小型砌块房屋不宜小于 150 mm。

4）砖拱楼、屋盖房屋，每层所有内外墙均应有圈梁，当圈梁承受砖拱楼、屋盖的推力时，配筋量不应少于 4Φ12。

5）屋盖处的圈梁应现浇；楼盖处的圈梁可为钢筋砖圈梁，其高度不小于 4 皮砖，砌筑砂浆强度等级不低于 M5，总配筋量不少于表 5.2.5-3 中的规定；现浇钢筋混凝土板墙或钢筋网水泥砂浆面层中的配筋加强带可代替该位置上的圈梁；与纵墙圈梁有可靠连接的进深梁或配筋板带也可代替该位置上的圈梁。

表 5.2.5-3　圈梁的布置和构造要求

位置和配筋量		7 度	8 度	9 度
屋盖	外墙	除层数为 2 层的预制板或有木望板、木龙骨吊顶时，均应有	均应有	均应有
	内墙	同外墙，且纵横墙上圈梁的水平间距分别不应大于 8 m 和 16 m	纵横墙上圈梁的水平间距分别不应大于 12 m	纵横墙上圈梁的水平间距均不应大于 8 m
楼盖	外墙	横墙间距大于 8 m 或层数超过 4 层时应隔层有	横墙间距大于 8 m 时每层应有，横墙间距不大于 8 m、层数超过 3 层时，应隔层有	层数超过 2 层且横墙间距大于 4 m 时，每层均应有
	内墙	横墙间距大于 8 m 或层数超过 4 层时，应隔层有且圈梁的水平间距不应大于 16 m	同外墙，且圈梁的水平间距不应大于 12 m	同外墙，且圈梁的水平间距不应大于 8 m
配筋量		4φ8	4φ10	4φ12

注：6 度时，同非抗震要求。

5.2.6　房屋中易引起局部倒塌的部件及其连接，应分别符合下列规定：

1　现有结构构件的局部尺寸、支承长度和连接应符合下列要求：

1）承重的门窗间墙最小宽度和外墙尽端至门窗洞边的距离及支承跨度大于 5 m 的大梁的内墙阳角至门窗洞边的距离，7、8、9 度时分别不宜小于 0.8 m、1.0 m、1.5 m；

2）非承重的外墙尽端至门窗洞边的距离，7、8 度时不宜小于 0.8 m，9 度时不宜小于 1.0 m；

3）楼梯间及门厅跨度不小于 6 m 的大梁，在砖墙转角处的支承长度不宜小于 490 mm；

4）出屋面的楼、电梯间和水箱间等小房间，8、9 度时墙体的砂浆强度等级不宜低于 M2.5，门窗洞口不宜过大，预制屋盖与墙体应有连接。

　　2　非结构构件的构造应符合下列要求：

　　1）隔墙与两侧墙体或柱应有拉结，长度大于 5.1 m 或高度大于 3 m 时，墙顶还应与梁板有连接；

　　2）无拉结女儿墙和门脸等装饰物，当砌筑砂浆的强度等级不低于 M2.5 且厚度为 240 mm 时其突出屋面的高度，对整体性不良或非刚性结构的房屋不应大于 0.5 m；对刚性结构房屋的封闭女儿墙不宜大于 0.9 m；

　　3）出屋面小烟囱在出入口或临街处应有防倒塌措施；

　　4）钢筋混凝土挑檐、雨罩等悬挑构件应有足够的稳定性。

　　3　悬挑楼层、通长阳台，或房屋尽端有局部悬挑阳台、楼梯间、过街楼的支撑墙体，或与独立承重砖柱相邻的承重墙体，应提高有关墙体承载能力和延性的要求。

5.2.7　第一级鉴定时，房屋的抗震横墙间距和宽度不应超过下列限值：

　　1　层高在 3 m 左右，墙厚为 240 mm 的黏土砖实心墙房屋，当在层高的 1/2 处门窗洞所占的水平截面面积，对承重横墙不大于总截面面积的 25%、对承重纵墙不大于总截面面积的 50% 时，其承重横墙间距 L 和房屋宽度 B 的限值宜按表 5.2.7-1 采用；其他墙体的房屋，应按表 5.2.7-1 的限值乘以表 5.2.7-2 规定的墙体类别修正系数采用；

　　2　自承重墙的限值，可按本条第 1 款规定值的 1.25 倍采用；

　　3　对本章第 5.2.6 条第 3 款规定的情况，其限值宜按本条第 1、2 款规定值的 0.8 倍采用；突出屋面的楼、电梯间和水箱间等小房间，其限值宜按本条第 1、2 款规定值的 1/3 采用。

表 5.2.7-1　第一级鉴定的抗震横墙间距和房屋宽度限值(m)

砂浆强度等级

楼层总数	检查楼层	6度 M0.4 L	B	M1 L	B	M2.5 L	B	M5 L	B	M10 L	B	7度 M0.4 L	B	M1 L	B	M2.5 L	B	M5 L	B	M10 L	B
2	2	6.9	10	11	15	15	15	—	—	—	—	4.8	7.1	7.9	11	12	15	15	15	—	—
	1	6.0	8.8	9.2	14	13	15	—	—	—	—	4.2	6.2	6.4	9.5	9.2	13	12	15	—	—
3	3	6.1	9.0	10	14	15	15	15	15	—	—	4.3	6.3	7.0	10	11	15	15	15	—	—
	1-2	4.7	7.1	7.0	11	9.8	14	14	15	—	—	3.3	5.0	5.0	7.4	6.8	10	9.2	13	—	—
4	4	5.7	8.4	9.4	14	14	15	15	15	—	—	—	—	6.6	9.5	9.8	12	12	12	—	—
	3	4.3	6.3	6.6	9.6	9.3	14	13	15	—	—	—	—	4.6	6.7	6.5	9.5	8.9	12	—	—
	1-2	4.0	6.0	5.9	8.9	8.1	12	11	15	—	—	—	—	4.1	6.2	5.7	8.5	7.5	11	—	—
5	5	5.6	9.2	9.0	12	12	12	12	12	—	—	—	—	6.3	9.0	9.4	12	12	12	—	—
	4	3.8	6.5	6.1	9.0	8.7	12	12	12	—	—	—	—	4.3	6.3	6.1	8.9	8.3	12	—	—
	1-3	—	—	5.2	7.9	7.0	10	9.1	12	—	—	—	—	3.6	5.4	4.9	7.4	6.4	9.4	—	—
6	6	—	—	8.9	12	12	12	12	12	—	—	—	—	6.1	8.8	9.2	12	12	12	—	—
	5	—	—	5.9	8.6	8.3	12	11	12	—	—	—	—	4.1	6.0	5.8	8.5	7.8	11	—	—
	4	—	—	—	—	6.8	10	9.1	12	—	—	—	—	—	—	4.8	7.1	6.4	9.3	—	—
	1-3	—	—	—	—	6.3	9.4	8.1	12	—	—	—	—	—	—	4.4	6.6	5.7	8.4	—	—
7	7	—	—	8.2	12	12	12	12	12	—	—	—	—	—	—	3.9	7.2	3.9	7.2	—	—
	6	—	—	5.2	8.3	8.0	11	11	12	—	—	—	—	—	—	3.9	7.2	3.9	7.2	—	—
	5	—	—	—	—	6.4	9.6	8.5	12	—	—	—	—	—	—	3.9	7.2	3.9	7.2	—	—
	1-4	—	—	—	—	5.7	8.5	7.3	11	—	—	—	—	—	—	—	—	3.9	7.2	—	—
8	6-8	—	—	—	—	3.9	7.8	3.9	7.8	—	—	—	—	—	—	—	—	—	—	—	—
	1-5	—	—	—	—	3.9	7.8	3.9	7.8	—	—	—	—	—	—	—	—	—	—	—	—

续表 5.2.7-1

楼层总数	检查楼层	8度 M0.4 L	M0.4 B	M1 L	M1 B	M2.5 L	M2.5 B	M5 L	M5 B	M10 L	M10 B	9度 M0.4 L	M0.4 B	M1 L	M1 B	M2.5 L	M2.5 B	M5 L	M5 B	M10 L	M10 B
2	2	—	—	5.3	7.8	7.8	12	10	15	—	—	—	—	3.1	4.6	4.7	7.1	6.0	9.2	11	11
	1	—	—	4.3	6.4	6.2	8.9	8.4	12	—	—	—	—	—	—	3.7	5.3	5.0	7.1	6.4	9.0
3	3	—	—	4.7	6.7	7.0	9.9	9.7	14	13	15	—	—	—	—	4.2	5.9	5.8	8.2	7.7	10
	1-2	—	—	3.3	4.9	4.6	6.8	6.2	8.8	7.7	11	—	—	—	—	—	—	3.7	5.3	4.6	6.7
4	4	—	—	4.4	5.7	6.5	9.2	9.1	12	12	12	—	—	—	—	—	—	3.3	5.8	3.3	5.9
	3	—	—	—	—	4.3	6.3	5.9	8.5	7.6	11	—	—	—	—	—	—	—	—	3.3	4.8
	1-2	—	—	—	—	3.8	5.1	5.0	7.3	6.2	9.1	—	—	—	—	—	—	—	—	2.8	4.0
5	5	—	—	—	—	6.3	8.9	8.8	12	11	12	—	—	—	—	—	—	—	—	—	—
	4	—	—	—	—	4.1	5.9	5.5	7.8	7.1	10	—	—	—	—	—	—	—	—	—	—
	1-3	—	—	—	—	3.3	4.5	4.3	6.3	5.3	7.8	—	—	—	—	—	—	—	—	—	—
6	6	—	—	—	—	3.9	6.0	3.9	6.0	3.9	5.9	—	—	—	—	—	—	—	—	—	—
	5	—	—	—	—	—	—	3.9	5.5	3.9	5.9	—	—	—	—	—	—	—	—	—	—
	4	—	—	—	—	—	—	3.2	4.7	3.9	5.9	—	—	—	—	—	—	—	—	—	—
	1-3	—	—	—	—	—	—	—	—	3.9	5.9	—	—	—	—	—	—	—	—	—	—

注：1 L指240mm厚承重横墙间距限值；楼、屋盖为刚性时取平均值，柔性时取最大值，中等刚性时取相应插值；B指240mm厚纵墙承重的房屋宽度限值；房屋宽度可按加权平均值计算；

2 B指1.8倍；平面局部突出时，房屋宽度可取1.4倍，有一道同样厚度的内纵墙时可取2道时可取1.4倍，有……

3 楼盖为混凝土而屋盖为木屋架或钢木屋架时，表中顶层的限值宜乘以0.7。

表 5.2.7-2 抗震墙体类别修正系数

墙体类别	空斗墙	空心墙		多孔砖墙	小型砌块墙	小型砌块墙	实心墙		
厚度（mm）	240	300	420	190	t	t	180	370	480
修正系数	0.6	0.9	1.4	0.8	$0.8t/240$	$0.6t/240$	0.75	1.4	1.8

注：t 指小型砌块墙体厚度。

5.2.8 多层砌体房屋当遇下列情况之一时，可不再进行第二级鉴定，直接评为综合抗震能力不满足抗震鉴定要求，且要求对房屋采取加固或其他相应措施：

　　1 房屋高宽比大于3，或横墙间距超过刚性体系最大值4 m；

　　2 纵横墙交接处连接不符合要求，或支承长度少于规定值的 75%；

　　3 本节的其他规定有多项明显不符合要求。

5.2.9 多层砌体房屋采用综合抗震能力指数的方法进行第二级鉴定时，应根据房屋不符合第一级鉴定的具体情况，分别采用楼层平均抗震能力指数方法、楼层综合抗震能力指数方法和墙段综合抗震能力指数方法。

　　楼层平均抗震能力指数、楼层综合抗震能力指数和墙段综合抗震能力指数应按房屋的纵横两个方向分别计算。当最弱楼层平均抗震能力指数、最弱楼层综合抗震能力指数或最弱墙段综合抗震能力指数大于等于 1.0 时，可评定为满足抗震鉴定要求；当小于 1.0 时，应对房屋采取加固或其他相应措施。

5.2.10 结构体系、整体性连接和易引起倒塌的部位符合第一级鉴定要求，但横墙间距和房屋宽度均超过或其中一项超过第一级鉴定限值的房屋，可采用楼层平均抗震能力指数方法进行第二级鉴定。楼层平均抗震能力指数应按下式计算：

$$\beta_i = A_i /(A_{bi} \xi_{0i} \lambda) \qquad (5.2.10)$$

式中　　β_i——第 i 楼层的纵向或横向墙体平均抗震能力指数。

A_i——第 i 楼层的纵向或横向抗震墙在层高 1/2 处净截面的总面积，其中不包括高宽比大于 4 的墙段截面面积。

A_{bi}——第 i 楼层的建筑平面面积。

ξ_{0i}——第 i 楼层的纵向或横向抗震墙的基准面积率，应按本规程附录 B 采用。

λ——烈度影响系数，6、7、8、9 度时，分别按 0.7、1.0、1.5 和 2.5 采用。设计地震基本加速度为 0.15g 和 0.30g 时，分别按 1.25 和 2.0 采用；当场地处于本规程第 4.1.2 条规定的不利地段时，尚应乘以增大系数 1.1~1.6。

5.2.11　结构体系、楼屋盖整体性连接、圈梁布置和构造及易引起局部倒塌的结构构件不符合第一级鉴定要求的房屋，可采用楼层综合抗震能力指数方法进行第二级鉴定，并应符合下列规定：

1　楼层综合抗震能力指数应按下式计算：

$$\beta_{ci} = \psi_1 \psi_2 \beta_i \qquad (5.2.11)$$

式中　　β_{ci}——第 i 楼层的纵向或横向墙体综合抗震能力指数；

ψ_1——体系影响系数，可按本条的第 2 款确定；

ψ_2——局部影响系数，可按本条的第 3 款确定。

2 体系影响系数可根据房屋不规则性、非刚性和整体性连接不符合第一级鉴定要求的程度，经综合分析后确定；也可由表 5.2.11-1 各项系数的乘积确定。当砖砌体的砂浆强度等级为 M0.4 时，尚应乘以 0.9。

表 5.2.11-1　体系影响系数值

项　　目	不符合的程度	ψ_1	影响范围
房屋高宽比	2.2<且≤2.6 2.6<且≤3.0	0.85 0.75	上部 1/3 楼层 上部 1/3 楼层
横墙间距	超过表 5.2.3 最大值在 4 m 以内	0.90 1.00	楼层的 β_{ci} 墙段的 β_{cij}
错层高度	>0.5 m	0.90	错层上下
立面高度变化	超过一层	0.90	所有变化的楼层
相邻楼层的墙体刚度比 λ	2<λ<3 λ>3	0.85 0.75	刚度小的楼层 刚度小的楼层
楼、屋盖构件的支承长度	比规定少 15%以内 比规定少 15%~25%	0.90 0.80	不满足的楼层 不满足的楼层
圈梁布置和构造	屋盖外墙不符合 楼盖外墙一道不符合 楼盖外墙二道不符合 内墙不符合	0.70 0.90 0.80 0.90	顶层 缺圈梁的上、下楼层 所有楼层 不满足的上、下楼层

注：单项不符合的程度超过表内规定或不符合的项目超过 3 项时，应采取加固或其他相应措施。

3 局部影响系数可根据易引起局部倒塌各部位不符合第一级鉴定要求的程度,经综合分析后确定；也可由表 5.2.11-2 各项系数中的最小值确定。

表 5.2.11-2 局部影响系数值

项　目	不符合的程度	ψ_2	影响范围
墙体局部尺寸	比规定少 10%以内 比规定少 10%~20%	0.95 0.90	不满足的楼层 不满足的楼层
楼梯间等大梁的支承长度 l	370 mm$<l<$490 mm	0.80 0.70	该楼层的 β_{ci} 该墙段的 β_{cij}
出屋面小房间		0.33	出屋面的小房间
支承悬挑结构构件的承重墙体		0.80	该楼层和墙段
房屋尽端设过街楼或楼梯间		0.80	该楼层和墙段
有独立砌体柱承重的房屋	柱顶有拉接 柱顶无拉接	0.80 0.60	楼层、柱两侧相邻墙段 楼层、柱两侧相邻墙段

注：不符合的程度超过表内规定时，应采取加固或其他相应措施。

5.2.12 横墙间距超过刚性体系规定的最大值、有明显扭转效应和易引起局部倒塌的结构构件不符合第一级鉴定要求的房屋,当最弱的楼层综合抗震能力指数小于 1.0 时,可采用墙段综合抗震能力指数方法进行第二级鉴定。墙段综合抗震能力指数应按下式计算：

$$\beta_{cij} = \psi_1 \psi_2 \beta_{ij} \qquad (5.2.12\text{-}1)$$

$$\beta_{ij} = A_{ij} / (A_{bij} \xi_{0i} \lambda) \qquad (5.2.12\text{-}2)$$

式中　β_{cij}——第 i 层 j 墙段综合抗震能力指数；

　　　β_{ij}——第 i 层 j 墙段抗震能力指数；

　　　A_{ij}——第 i 层第 j 墙段在 1/2 层高处的净截面面积；

　　　A_{bij}——第 i 层第 j 墙段计及楼盖刚度影响的从属面积。

注：考虑扭转效应时，式（5.2.12-1）中尚包括扭转效应系数，其值可按现行国家标准《建筑抗震设计规范》GBJ 50011 的规定,取该墙段不考虑与考虑扭转时的内力比。

5.2.13 房屋的质量和刚度沿高度分布明显不均匀，或7、8、9度时房屋的层数分别超过6、5、3层,可按本规程第5.3节的方法验算其抗震承载力，并可按本规程第5.2.11条的规定估算构造的影响，由综合评定进行第二级鉴定。

5.3　Ⅱ类砌体结构房屋抗震鉴定

5.3.1 结构材料性能指标应符合下列最低要求：黏土砖的强度等级不应低于 MU7.5，砖砌体的砂浆强度等级不宜低于 M2.5；混凝土砌块的强度等级，中型砌块不宜低于 MU10，小砌块不宜低于 MU5，砌块砌体的砂浆强度等级不宜低于 M5；构造柱、圈梁混凝土小砌块芯柱的混凝土强度等级不宜低于 C15，混凝土中砌块芯柱混凝土强度等级不宜低于 C20。

5.3.2 多层砌体房屋的高度和层数，不应超过表 5.3.2 的规定；对医院、教学楼等横墙较少的房屋，其适用高度和层数应比表 5.3.2 的规定分别降低 3 m 和 1 层；各层横墙很少的房屋，其适用高度和层数，应根据具体情况再适当降低和减少。砖房的层高，不宜超过 4 m；砌块房屋的层高，不宜超过 3.6 m；当房屋层数和高度超过最大限值时，应提高对综合抗震能力的要求或提出采取改变结构体系等抗震减灾措施。

表 5.3.2　多层砌体房屋鉴定的最大高度（m）和层数

砌体类别	最小墙厚（mm）	烈　度							
		6		7		8		9	
		高度	层数	高度	层数	高度	层数	高度	层数
黏土砖	240	24	8	21	7	18	6	12	4
多孔砖	240	21	7	21	7	18	6	12	4
	190	21	7	18	6	15	5		
混凝土小砌块	190	21	7	18	6	15	5	不宜采用	
混凝土中砌块	200	18	6	15	5	9	3		
粉煤灰中砌块	240	18	6	15	5	9	3		

注：1　房屋高度计算方法同现行国家标准《建筑抗震设计规范》GB 50011 的规定。

2　乙类设防时应允许按本地区设防烈度查表，但层数应减少一层且总高度应减低 3 m。

3　横墙较少是指同一楼层内开间大于 4.2 m 的房屋占该楼层总面积的 40%以上；其中，开间不大于 4.2 m 的房屋占该层总面积不到 20%且开间大于 4.8 m 的房间占该层总面积的 50%以上为横墙很少。

5.3.3　多层砌体房屋的结构体系，应符合下列要求：

1　应采用横墙承重或纵横墙共同承重的结构体系。

2　纵横墙的布置宜均匀对称，沿平面内宜对齐，沿竖向应上下连续。

3　8 度和 9 度且有下列情况之一时宜设有防震缝，防震缝两侧均应设置墙体，防震缝净宽不宜小于 50 mm：

1）房屋立面高差在 6 m 以上；

2）房屋有错层，且楼板高差较大；

3）各部分结构刚度、质量截然不同。

4 楼梯间不宜设在房屋的尽端和转角处。

5 烟道、风道、垃圾道等不应削弱墙体，不应采用无竖向配筋的附墙烟囱及出屋面的烟囱。

6 不宜采用无锚固的钢筋混凝土预制挑檐。

7 房屋总高度与总宽度的最大比值（高宽比），宜符合表5.3.3的要求。

表 5.3.3　房屋最大高宽比

烈度	6 度	7 度	8 度	9 度
最大高宽比	2.5	2.5	2.0	1.5

注：单面走廊房屋的总宽度不包括走廊宽度。

8 跨度大于 6 m 的大梁，不宜由独立砖柱支承；乙类设防时不应由独立砖柱支承。

9 教学楼、医疗用房等横墙较少、跨度较大的房间，宜为现浇或装配整体式楼盖、屋盖。

10 同一结构单元的基础（或桩承台）宜为同一类型，底面宜埋置在同一标高上，否则应有基础圈梁并应按 1：2 的台阶逐步放坡。

5.3.4 房屋抗震横墙的间距限值应按表 5.3.4 采用。

表 5.3.4　抗震鉴定时房屋抗震横墙间距限值（m）

楼、屋盖类别	黏土砖房屋				中砌块房屋			小砌块房屋		
	6 度	7 度	8 度	9 度	6 度	7 度	8 度	6 度	7 度	8 度
现浇和装配整体式钢筋混凝土	18	18	15	11	13	13	10	15	15	11
装配式钢筋混凝土	15	15	11	7	10	10	7	11	11	7
木结构	11	11	7	4	不宜采用					

5.3.5 多层砌体房屋的局部尺寸限值，宜符合表5.3.5的要求。

表5.3.5　抗震鉴定时房屋的局部尺寸限值（m）

部　　位	烈　　度			
	6度	7度	8度	9度
承重窗间墙最小宽度	1.0	1.0	1.2	1.5
承重外墙尽端至门窗洞边的最小距离	1.0	1.0	1.5	2.0
非承重外墙尽端至门窗洞边的最小距离	1.0	1.0	1.0	1.0
内墙阳角至门窗洞边的最小距离	1.0	1.0	1.5	2.0
无锚固女儿墙（非出入口处）的最大高度	0.5	0.5	0.5	0.0

5.3.6 多层砌体房屋根据材料类型按表5.3.6-1、5.3.6-2、5.3.6-3的要求检查构造柱或芯柱。

表5.3.6-1　砖砌体房屋构造柱设置要求

房屋层数				设置的部位	
6度	7度	8度	9度		
4、5	3、4	2、3	—	外墙四角，错层部位横墙与外纵墙交接处，较大洞口两侧，大房间内外墙交接处	7、8度时，电梯间四角
6~8	5、6	4	2		隔开间横墙（轴线）与外墙交接处，山墙与内纵墙交接处；7~9度时，楼、电梯间四角
—	7	5、6	3、4		内墙（轴线）与外墙交接处，内墙局部较小墙垛处；7~9度时，楼、电梯间四角；9度时，内纵墙与横墙（轴线）交接处

表 5.3.6-2　混凝土小砌块房屋芯柱设置要求

房屋层数			设 置 的 部 位	设置要求
6 度	7 度	8 度		
4、5	3、4	2、3	外墙转角、楼梯间四角；大房间内外墙交接处	外墙四角，填实 3 个孔； 内外墙交接处，填实 4 个孔
6	5	4	外墙转角、楼梯间四角；大房间内外墙交接处，山墙与内纵墙交接处，隔开具横墙与外纵墙交接处	
7	6	5	外墙转角、楼梯间四角；大房间内外墙交接处，各内墙与外纵墙交接处，内纵墙与横墙交接处和门洞两侧	外墙四角，填实 5 个孔；内外墙交接处，填实 4 个孔；内墙交接处，填实 4~5 个孔；洞口两侧各填实 1 个孔

表 5.3.6-3　混凝土中砌块房屋芯柱设置要求

烈度	设置部位
6、7 度	外墙四角，楼梯间四角，大房间内外墙交接处，山墙与内纵墙交接处，隔开间横墙（轴线）与纵墙交接处
8 度	外墙四角，楼梯间四角，大房间内外墙交接处，横墙门洞两侧，横墙（轴线）与纵墙交接处

注：1　外廊式和单面走廊式的多层房屋，应根据房屋增加 1 层后的层数，按表 5.3.6-1~3 的要求检查构造柱或芯柱，且单面走廊两侧的纵墙均应按外墙处理。

2　教学楼、医疗用房等横墙较少的房屋，应根据房屋增加 1 层后的层数，按 5.1.22-1~3 的要求检查构造柱或芯柱；当教学楼、医疗用房等横墙较少的房屋为外廊式时应按增加 2 层的层数检查构造柱或芯柱。

5.3.7　多层砌体结构房屋应按下列要求设置现浇钢筋混凝土圈梁：

1　装配式钢筋混凝土楼、屋盖或木楼、屋盖的砖房，横墙承重时应按表 5.3.7 的要求设置圈梁，纵墙承重时每层均应设置有圈梁，且抗震横墙上圈梁的间距应比表 5.3.7 的规定适当加密。

2 现浇或装配整体式钢筋混凝土楼、屋盖与墙体有可靠连接且楼板与相应构造柱用钢筋可靠连接时,房屋可不另设圈梁。

3 砌体房屋采用装配整体式钢筋混凝土楼盖时,每层均应有圈梁,圈梁间距应按表 5.3.7 提高 1 度的要求检查。

表 5.3.7　多层砖房现浇钢筋混凝土圈梁设置要求

墙类	烈　度		
	6、7 度	8 度	9 度
外墙及内纵墙	屋盖处及隔层楼盖处	屋盖处及每层楼盖处	屋盖处及每层楼盖处
内横墙	同上;屋盖处间距不应大于 7 m;楼盖处间距不应大于 15 m;构造柱对应部位	同上;屋盖处沿所有横墙,且间距不应大于 7 m;楼盖处间距不应大于 7 m;构造柱对应部位	同上;各层所有横墙

4 6～8 度砖拱楼、屋盖房屋,各层所有墙体均应设置圈梁。

5.3.8 多层普通砖、多孔砖房屋的楼、屋盖应符合下列要求:

1 现浇钢筋混凝土楼板或屋面板伸进纵、横墙内的长度,均不宜小于 120 mm。

2 装配式钢筋混凝土楼板或屋面板,当圈梁未设在板的同一标高时,板端伸进外墙的长度不应小于 120 mm,伸进内墙的长度不宜小于 100 mm,且不应小于 80 mm,在梁上不应小于 80 mm。

3 当板的跨度大于 4.8 m 并与外墙平行时,靠外墙的预制板侧边应与墙或圈梁拉结。

4 房屋端部大房间的楼盖,8 度时房屋的屋盖和 9 度时房屋的楼、屋盖,当圈梁设在板底时,钢筋混凝土预制板应相互拉结,并应与梁、墙或圈梁拉结。

50

5.3.9 楼、屋盖的钢筋混凝土梁或屋架，应与墙、柱（包括构造柱）或圈梁可靠连接，梁与砖柱的连接不应削弱柱截面，各层独立砖柱顶部应在两个方向均有可靠连接。

5.3.10 坡屋顶房屋的屋架应与顶层圈梁可靠连接，檩条或屋面板应与墙及屋架可靠连接，房屋出入口处的檐口瓦应与屋面构件锚固；8 度和 9 度时，顶层内纵墙顶宜砌筑有支撑端山墙的踏步式墙垛。

5.3.11 楼梯间应符合下列要求：

1 8 度或 9 度时，顶层楼梯间横墙和外墙宜沿墙高每隔 500 mm 设有 2Φ6 通长钢筋，9 度时其他各层楼梯间在休息平台或楼层半高处宜设置 60 mm 厚的配筋砂浆带，砂浆强度等级不宜低于 M5，钢筋不宜少于 2Φ10。

2 8 度和 9 度时，楼梯间及门厅内墙阳角处的大梁支承长度不应小 500 mm，并应与圈梁连接。

3 装配式楼梯段应与平台板的梁可靠连接；不应采用墙中悬挑式踏步或踏步竖肋插入墙体的楼梯，不应采用无筋砖砌栏板。

4 突出屋顶的楼、电梯间，构造柱应伸到顶部，并与顶部圈梁连接，内外墙交接处应沿墙高每隔 500 mm 设有 2Φ6 拉结钢筋且每边伸入墙内不应小于 1 m。

5.3.12 多层普通砖、多孔砖房屋的构造柱应符合下列要求：

1 构造柱最小截面不应小于 240 mm × 180 mm，纵向钢筋不宜少于 4Φ12，箍筋间距不宜大于 250 mm 且在柱上下端宜适当加密；7 度时超过 6 层、8 度时超过 5 层和 9 度时，构造柱纵向钢筋不宜少于 4Φ14，箍筋间距不宜大于 200 mm。

2 构造柱与墙连接处宜砌成马牙槎，并应沿墙高每隔

500 mm 设 2Φ6 拉结钢筋，每边伸入墙内不宜小于 1 m。

3 构造柱应与圈梁可靠连接；隔层设置圈梁的房屋，应在无圈梁的楼层设有配筋砖带，仅在外墙四角设置有构造柱时，在外墙上应伸过一个开间，其他情况应在外纵墙和相应横墙上拉通，其截面高度不应小于 4 皮砖，砂浆强度等级不应低于 M5。

4 构造柱应伸入室外地面下 500 mm，或锚入浅于 500 mm 的基础圈梁内。

5.3.13 多层黏土砖房的现浇钢筋混凝土圈梁构造，应符合下列要求：

1 圈梁应闭合，遇有洞口应上下搭接，圈梁宜与预制板设在同一标高处或紧靠板底。

2 圈梁在第 5.3.7 条要求的间距内无横墙时，应利用梁或板缝中配筋替代圈梁。

3 圈梁的截面高度不应小于 120 mm，配筋应符合表5.3.13 的要求；基础圈梁截面高度不应小于 180 mm，配筋不应少于 4Φ12，砖拱楼、屋盖房屋的圈梁配筋不应少于 4Φ10，并应满足计算要求。

表 5.3.13　圈梁配筋要求

配筋	烈　　度		
	6、7 度	8 度	9 度
最小纵筋	4Φ8	4Φ10	4Φ12
最大箍筋间距（mm）	250	200	150

5.3.14 7 度时层高超过 3.6 m 或长度大于 7.2 m 的大房间，及 8 度和 9 度时，外墙转角及内外墙交接处，若未设构造柱，

则应沿墙高每隔 500 mm 配置有 2φ6 拉结钢筋，并每边伸入墙内不宜小于 1 m。

5.3.15 预制阳台应与圈梁和楼板的现浇板带有可靠连接措施。

5.3.16 门窗洞处不应采用无筋砖过梁；过梁支承长度，6~8 度时不应小于 240 mm，9 度时不应小于 360 mm。

5.3.17 附属结构构件应与主体结构有可靠的连接和锚固；装饰贴面与主体结构应有可靠连接；应避免吊顶塌落伤人和贴镶或悬吊较重的装饰物，或对相应部位采取可靠的防护措施。

5.3.18 砌块房屋的芯柱，应符合下列构造要求：

    1 混凝土小砌块房屋芯柱截面，不宜小于 130 mm × 130 mm。

    2 芯柱混凝土强度等级，混凝土小砌块房屋不宜低于 C15。

    3 芯柱与墙连接处应设置拉结钢筋网片，竖向插筋应贯通墙身且与每层圈梁连接；插筋的数量，混凝土小砌块房屋不应少于 1φ12。

    4 芯柱应伸入室外地面下 500 mm 或锚入浅于 500 mm 的基础圈梁内。

5.3.19 Ⅱ类砌体结构房屋的抗震承载力验算按现行国家标准《建筑抗震设计规范》GB 50011 的方法进行抗震分析，按本规程第 3.1.8 条的规定进行构件承载力验算，并考虑震损程度的影响。当抗震构造措施不满足本节各条款的要求时，可按本规程第 5.2 节的方法计入构造的影响进行综合评价。

    按照附录 A 选用材料性能指标，按照附录 D 进行砌体结构抗震承载力验算。

5.3.20 Ⅱ类砌体结构房屋的抗震鉴定结论按如下原则确定：

1 符合第 5.3.1 条～第 5.3.19 条的相关规定时，房屋的抗震能力评为满足抗震鉴定要求。

2 符合第 5.3.1 条～第 5.3.11 条和第 5.3.19 条的规定，但第 5.3.12 条～第 5.3.18 条中有个别条（款）规定不符合时，房屋的抗震能力评为基本满足抗震鉴定要求，对不符合部分可采取相应措施。

3 不符合第 5.3.1 条～第 5.3.11 条和第 5.3.19 条中的任一条款规定时，或第 5.3.12 条～第 5.3.18 条中的多数条款不符合时，房屋的抗震能力评为不满足抗震鉴定要求，应进行抗震加固。

5.4　Ⅲ类砌体结构房屋抗震鉴定

5.4.1　砌体结构材料性能指标，应符合下列最低要求：

烧结普通黏土砖和烧结多孔黏土砖的强度等级不应低于 MU10，其砌筑砂浆强度等级不应低于 M5；混凝土小型空心砌块的强度等级不应低于 MU7.5，其砌筑砂浆强度等级不应低于 M7.5，构造柱、圈梁混凝土小砌块芯柱的混凝土强度等级不宜低于 C15，混凝土中砌块芯柱混凝土强度等级不宜低于 C20。

5.4.2　多层砌体房屋的层数和高度不应超过表 5.4.2 的规定，横墙较少的多层砌体房屋，其适用高度和层数应比表 5.4.2 的规定分别降低 3 m 和 1 层；各层横墙很少的房屋，还应再减少 1 层；普通砖、多孔砖和小砌块承重房屋的层高，不应超过 3.6 m。当房屋层数和高度超过最大限值时，应提高对综合抗震能力的要求或提出采取改变结构体系等抗震减灾措施。

注：1　横墙较少指同一楼层内开间大于 4.20 m 的房间占该层总面积的 40%以上。开间不大于 4.2 m 的房间占该层总面积不到 20%且开间

大于 4.8 m 的房间占该层总面积的 50%以上为横墙很少。

2 当使用功能确有需要时，采用约束砌体等加强措施的普通砖房屋，层高不应超过 3.9 m。

表 5.4.2 多层砌体房屋鉴定的层数和最大高度限值（m）

房屋类别		最小墙厚度（mm）	烈　　度							
			6 度		7 度		8 度		9 度	
			高度	层数	高度	层数	高度	层数	高度	层数
多层砌体	普通砖	240	24	8	21	7	18	6	12	4
	多孔砖	240	21	7	21	7	18	6	12	4
	多孔砖	190	21	7	18	6	15	5	—	—
	小砌块	190	21	7	21	7	18	6		

注：1 房屋高度计算方法同现行国家标准《建筑抗震设计规范》GB 50011 的规定；

2 室内外高差大于 0.6 m 时，房屋总高度可比表中数据适当增加，但不应多于 1 m；

3 本表小砌块砌体房屋不包括配筋混凝土小型空心砌块砌体房屋。

4 乙类设防时应允许按本地区设防烈度查表，但层数应减少1 层且总高度应减低 3 m。

5 各层横墙较少的多层砌体房屋，总高度应比表中的规定降低 3 m，层数相应减少 1 层；各层横墙很少的多层砌体房屋，还应再减少 1 层。

5.4.3 多层砌体房屋的建筑布置和结构体系，应符合下列要求：

1 应优先采用横墙承重或纵横墙共同承重的结构体系。

2 纵横向砌体抗震墙的布置应符合下列要求：

1）宜均匀对称，沿平面内宜对齐，沿竖向应上下连续，且纵横向墙体的数量不宜相差过大。

2）平面轮廓凹凸尺寸，不应超过典型尺寸的 50%；当超过典型尺寸的 25%时，房屋转角处应采取加强措施。

3）楼板局部大洞口的尺寸不宜超过楼板宽度的 30%，且不应在墙体两侧同时开洞。

4）房屋错层的楼板高差超过 500 mm 时，应按两层计算；错层部位的墙体应采取加强措施。

5）同一轴线上的窗间墙宽度宜均匀；墙面洞口的面积，6、7 度时不宜大于墙面总面积的 55%，8、9 度时不宜大于 50%。

6）在房屋宽度方向的中部应设置内纵墙，其累计长度不宜小于房屋总长度的 60%（高宽比大于 4 的墙段不计入）。

3 房屋有下列情况之一时宜设置有防震缝，防震缝两侧均应设置墙体，缝宽应根据烈度和房屋高度确定，可采用 70 ~ 100 mm：

1）房屋立面高差在 6 m 以上；

2）房屋有错层，且楼板高差大于层高的 1/4；

3）各部分结构刚度、质量截然不同。

4 楼梯间不宜设置在房屋的尽端和转角处；不应在房屋转角处设置转角窗。

5 烟道、风道、垃圾道等不应削弱墙体；不宜采用无竖向配筋的附墙烟囱及出屋面的烟囱。

6 不应采用无锚固的钢筋混凝土预制挑檐。

7 横墙较少、跨度较大的房屋，宜采用现浇钢筋混凝土楼屋盖。

5.4.4 房屋抗震横墙的间距，不应超过表 5.4.4 的要求。

表 5.4.4　房屋抗震墙的间距（m）

房屋类别		烈度			
		6度	7度	8度	9度
多层砌体	现浇或装配整体式钢筋混凝土楼屋盖	18	18	15	11
	装配式钢筋混凝土楼、屋盖	15	15	11	7
	木楼、屋盖	11	11	7	4

注：1　多层砌体房屋的顶层，最大横墙间距应允许适当放宽；

　　2　表中木楼、屋盖的规定，不适用于小砌块砌体房屋。

5.4.5　房屋中砌体墙段的局部尺寸限值，宜符合表 5.4.5 的要求。

表 5.4.5　房屋的局部尺寸限值（m）

部位	6度	7度	8度	9度
承重窗间墙最小宽度	1.0	1.0	1.2	1.5
承重外墙尽端至门窗洞边的最小距离	1.0	1.0	1.2	1.5
非承重外墙尽端至门窗洞边的最小距离	1.0	1.0	1.0	1.0
内墙阳角至门窗洞边的最小距离	1.0	1.0	1.5	2.0
无锚固女儿墙（非出入口处）的最大高度	0.5	0.5	0.5	0.5

注：1　局部尺寸不足时应采取局部加强措施弥补，且最小宽度不

　　　宜小于1/4层高和表列数据的80%；

　　2　出入口处的女儿墙应有锚固。

5.4.6　多层砌体房屋的钢筋混凝土构造柱设置应符合下列要求：

　　1　多层普通砖、多孔砖房屋：

　　　1）多层普通砖、多孔砖房屋应按表 5.4.6-1 的要求检查构造柱的设置情况，且单面走廊两侧的纵墙均应按外墙处理；

2）横墙较少的房屋，应根据房屋增加 1 层后的层数，按表 5.4.6-1 的要求检查构造柱的设置情况；当横墙较少的房屋为外廊式或单面走廊式时，应按本条第 1 款要求设置构造柱，但 6 度不超过 4 层、7 度不超过 3 层和 8 度不超过 2 层时，应按增加 2 层后的层数对待。

3）各层横墙很少的房屋，应按增加二层的层数对待。

表 5.4.6-1 多层砖房构造柱设置要求

房屋层数				设 置 部 位	
6 度	7 度	8 度	9 度		
4、5	3、4	2、3		楼、电梯间四角，楼梯斜梯段上下端对应的墙体处；外墙四角和对应转角处；错层部位横墙与外纵墙交接处，大房间内外墙交接处；较大洞口两侧	隔 12 m 或单元横墙与外纵墙交接处；楼梯间对应的另一侧内横墙与外纵墙交接处
6、7	5	4	2		隔开间横墙（轴线）与外墙交接处；山墙与内纵墙交接处；
8	6、7	5、6	3、4		内墙（轴线）与外墙交接处，内墙的局部较小墙垛处；内纵墙与横墙（轴线）交接处

注：较大洞口，内墙指不小于 2.1 m 的洞口；外墙在内外墙交接处
　　已设置构造柱时应允许适当放宽，但洞侧墙体应加强。

2 小砌块房屋应按表 5.4.6-2 的要求设置钢筋混凝土芯柱，对外廊式和单面走廊式的多层房屋、横墙较少的房屋、各层横墙很少的房屋，应根据房屋增加 1 层后的层数按表 5.4.6-2 的要求设置芯柱。

表 5.4.6-2　多层小砌块房屋芯柱设置要求

房屋层数				房屋层数	设置部位
6 度	7 度	8 度	9 度		
4、5	3、4	2、3		外墙转角，楼、电梯间四角，楼梯斜梯段上下端对应的墙体处； 大房间内外墙交接处；错层部位横墙与外纵墙交接处； 隔 12 m 或单元横墙与外纵墙交接处	外墙转角，灌实 3 个孔；内外墙交接处，灌实 4 个孔；斜梯段上下端对应的墙体处，灌实 2 个孔
6	5	4		同上； 隔开间横墙（轴线）与外纵墙交接处	
7	6	5	2	同上； 各内墙（轴线）与外纵墙交接处； 内纵墙与横墙（轴线）交接处和洞口两侧	外墙转角，灌实 5 个孔；内外墙交接处，灌实 4 个孔； 内墙交接处，灌实 4～5 个孔； 洞口两侧各灌实 1 个孔
	7	≥6	≥3	同上； 横墙内芯柱间距不宜大于 2 m	外墙转角，灌实 7 个孔；内外墙交接处，灌实 5 个孔； 内墙交接处，灌实 4～5 个孔； 洞口两侧各灌实 1 个孔

注：外墙转角、内外墙交接处、楼电梯间四角等部位，可采用钢筋混凝土构造柱替代部分芯柱。

5.4.7　多层砌体房屋的现浇钢筋混凝土圈梁设置应符合下列要求：

1　多层普通砖、多孔砖房屋：

1）装配式钢筋混凝土楼、屋盖或木楼、屋盖的砖房，横墙承重时应按表 5.4.7-1 的要求设置圈梁；纵墙承重时每层均应设置圈梁，且抗震横墙上的圈梁间距应比表内要求适当加密。

2）现浇或装配整体式钢筋混凝土楼、屋盖与墙体有可靠连接的房屋,应允许不另设圈梁,但楼板沿抗震墙体周边均应加强配筋并应与相应的构造柱配筋可靠连接。

表 5.4.7-1　砖房现浇钢筋混凝土圈梁设置要求

墙　　类	烈　　　　度		
	6、7 度	8 度	9 度
外墙和内纵墙	屋盖处及每层楼盖处	屋盖处及每层楼盖处	屋盖处及每层楼盖处
内横墙	同上；屋盖处间距不应大于 7 m；楼盖处间距不应大于 15 m；构造柱对应部位	同上；屋盖处沿所有横墙,且间距不应大于 7 m；楼盖处间距不应大于 7 m；构造柱对应部位	同上；各层所有横墙

2　多层小砌块房屋应按表 5.4.7-2 的要求设置现浇钢筋混凝土圈梁,圈梁宽度不应小于 190 mm,配筋不应少于 4φ12,箍筋间距不应大于 200 mm。

表 5.4.7-2　小砌块房屋现浇钢筋混凝土圈梁设置要求

墙　　类	烈　　　　度	
	6、7 度	8 度
外墙和内纵墙	屋盖处及每层楼盖处	屋盖处及每层楼盖处
内横墙	同上；屋盖处所有横墙；楼盖处间距不应大于 7 m；构造柱对应部位	同上；各层所有横墙

5.4.8　多层普通砖、多孔砖房屋的楼、屋盖应符合下列要求:

　　1　现浇钢筋混凝土楼板或屋面板伸进纵、横墙内的长度,均不应小于 120 mm。

　　2　装配式钢筋混凝土楼板或屋面板,当圈梁未设在板的同一标高时，板端伸进外墙的长度不应小于 120 mm，伸进内墙的长度不应小于 100 mm 或采用硬架支模连接，在梁上不应小于 80 mm 或采用硬架支模连接。

3 当板的跨度大于 4.8 m 并与外墙平行时，靠外墙的预制板侧边应与墙或圈梁拉结。

4 房屋端部大房间的楼盖,6 度时房屋的屋盖和 7～9 度时房屋的楼、屋盖，当圈梁设在板底时，钢筋混凝土预制板应相互拉结，并应与梁、墙或圈梁拉结。

5.4.9 楼、屋盖的钢筋混凝土梁或屋架应与墙、柱(包括构造柱)或圈梁可靠连接;6 度时，梁与砖柱的连接不应削弱柱截面，各层独立砖柱顶部应在两个方向均有可靠连接;7～9 度时不得采用独立砖柱。跨度不小于 6 m 的大梁的支撑构件应采用组合砌体等加强措施，并满足承载力要求。

5.4.10 坡屋顶房屋的屋架应与顶层圈梁可靠连接，檩条或屋面板应与墙及屋架可靠连接，房屋出入口处的檐口瓦应与屋面构件锚固;8 度和 9 度时，顶层内纵墙顶宜增砌支承山墙的踏步式墙垛，采用硬山搁檩时，顶层内纵墙顶宜增砌支承山墙的踏步式墙垛，并设置构造柱。

5.4.11 楼梯间应符合下列要求：

1 顶层楼梯间墙体应沿墙高每隔 500 mm 设 2φ6 通长钢筋和 φ4 分布短筋平面内点焊组成的拉结网片或 φ4 点焊网片;7～9 度时其他各层楼梯间墙体应在休息平台或楼层半高处设置 60 mm 厚、纵向钢筋不应少于 2φ10 的钢筋混凝土带或配筋砖带，配筋砖带不少于 3 皮，每皮的配筋不少于 2φ6，其砂浆强度等级不应低于 M7.5 且不低于同层墙体的砂浆强度等级。

2 楼梯间及门厅内墙阳角处的大梁支承长度不应小于 500 mm，并应与圈梁连接。

3 装配式楼梯段应与平台板的梁可靠连接，8、9 度时不应采用装配式楼梯段；不应采用墙中悬挑式踏步或踏步竖肋插入墙体的楼梯，不应采用无筋砖砌栏板。

4 突出屋顶的楼、电梯间，构造柱应伸到顶部，并与顶部圈梁连接，所有墙体沿墙高每隔 500 mm 设 2φ6 拉结钢筋和 φ4 分布短筋平面内点焊组成的拉结网片或 φ4 点焊网片。

5.4.12 多层普通砖、多孔砖房屋的构造柱应符合下列要求：

1 构造柱最小截面不应小于 240 mm × 180 mm（墙厚 190 mm 时为 190 mm × 180 mm），纵向钢筋不宜少于 4φ12，箍筋间距不宜大于 250 mm，且在柱上下端宜适当加密；6、7 度时超过 6 层，8 度时超过 5 层和 9 度时，构造柱纵向钢筋不宜少于 4φ14，箍筋间距不应大于 200 mm；房屋四角的构造柱应适当加大截面及配筋。

2 构造柱与墙连接处应砌成马牙槎，并应沿墙高每隔 500 mm 设 2φ6 拉结钢筋和 φ4 分布短筋平面点焊组成的拉结网片或 φ4 点焊钢筋网片，每边伸入墙内不宜小于 1 m；6、7 度时底部 1/3 楼层，8 度时底部 1/2 楼层，9 度时全部楼层，上述拉结钢筋网片应沿墙体水平通长设置。

3 构造柱与圈梁连接处，构造柱的纵筋应在圈梁纵筋内侧穿过，保证构造柱纵筋上下贯通。

4 构造柱可不单独设置基础，但应伸入室外地面下 500 mm，或与埋深小于 500 mm 的基础圈梁相连。

5 房屋高度和层数接近本规程表 5.4.2 的限值时，纵、横墙内构造柱间距尚应符合下列要求：

1）横墙内的构造柱间距不宜大于层高的 2 倍；下部 1/3 楼层的构造柱间距宜适当减小。

2）当外纵墙开间大于 3.9 m 时，应另设加强措施。内纵墙的构造柱间距不宜大于 4.2 m。

5.4.13 6、7 度时长度大于 7.2 m 的大房间，及 8 度和 9 度时外墙转角及内外墙交接处，应沿墙高每隔 500 mm 配置 2φ6 的通长钢筋并每边伸入墙内不宜小于 1 m 和 φ4 分布短筋平面点焊组成的拉结网片或 φ4 点焊钢筋网片。

5.4.14 多层普通砖、多孔砖房屋的现浇钢筋混凝土圈梁构造应符合下列要求：

1 圈梁应闭合，遇有洞口圈梁应上下搭接。圈梁宜与预制板设在同一标高处或圈梁紧靠板底。

2 圈梁在本规程第 5.4.7 条要求的间距内无横墙时，应利用梁或板缝中配筋替代圈梁。

3 圈梁的截面高度不应小于 120 mm，配筋应符合表 5.4.14 的要求；基础圈梁截面高度不应小于 180 mm，配筋不应少于 4φ12。

表 5.4.14　砖房圈梁配筋要求

配　　筋	烈　　　度		
	6、7 度	8 度	9 度
最小纵筋	4φ10	4φ12	4φ14
最大箍筋间距（mm）	250	200	150

5.4.15 门窗洞处不应采用砖过梁；过梁支承长度，6～8 度

时不应小于 240 mm，9 度时不应小于 360 mm。

5.4.16 预制阳台，6、7 度时应与圈梁和楼板的现浇板带有可靠连接，8、9 度时不应采用预制阳台。

5.4.17 附着于楼、屋面结构上的非结构构件应与主体结构有可靠的连接或锚固，避免地震时倒塌伤人或砸坏重要设备；幕墙、装饰贴面与主体结构应有可靠连接，避免地震时脱落伤人。

5.4.18 丙类的多层砖砌体房屋，当横墙较少的多层普通砖、多孔砖住宅楼的总高度和层数接近或达到表 5.4.2 规定的限值时，其加强措施应符合下列要求：

1 房屋的最大开间尺寸不宜大于 6.6 m。

2 同一结构单元内横墙错位数量不宜超过横墙总数的 1/3，且连续错位不宜多于两道；错位的墙体交接处均应增设构造柱，且楼、屋面板应采用现浇钢筋混凝土板。

3 横墙和内纵墙上洞口的宽度不宜大于 1.5 m，外纵墙上洞口的宽度不宜大于 2.1 m 或开间尺寸的一半，且内外墙上洞口位置不应影响内外纵墙与横墙的整体连接。

4 所有纵横墙均应在楼、屋盖标高处设置有加强的现浇钢筋混凝土圈梁：圈梁的截面高度不宜小于 150 mm，上下纵筋各不应少于 3Φ10，箍筋不小于 Φ6，间距不大于 300 mm。

5 所有纵横墙交接处及横墙的中部，均应设置有满足下列要求的构造柱：在纵、横墙内的柱距不宜大于 4.2 m，最小截面尺寸不宜小于 240 mm×240 mm（墙厚 190 mm 时为 240 mm×190 mm），配筋宜符合表 5.4.18 的要求。

6 同一结构单元的楼、屋面板应设置在同一标高处。

7 房屋底层和顶层的窗台标高处，宜设置沿纵横墙通长的水平现浇钢筋混凝土带；其截面高度不小于 60 mm，宽度不小于墙厚，纵向钢筋不少于 2Φ10，横向分布筋的直径不小于 Φ6 且其间距不大于 200 mm。

表 5.4.18 增设构造柱的纵筋和箍筋设置要求

位　置	纵向钢筋			箍　筋		
	最大配筋率（%）	最小配筋率（%）	最小直径（mm）	加密区范围（mm）	加密区间距（mm）	最小直径（mm）
角柱	1.8	0.8	14	全高	100	6
边柱			14	上端 700 下端 500		
中柱	1.4	0.6	12			

5.4.19 多层小砌块房屋的抗震构造措施应满足下列要求：

　　1 小砌块房屋的芯柱，应符合下列构造要求：

　　1）小砌块房屋芯柱截面不宜小于 120 mm × 120 mm。

　　2）芯柱混凝土强度等级，不应低于 C20。

　　3）芯柱的竖向插筋应贯通墙身且与圈梁连接；插筋不应小于 1Φ12，6、7 度时超过 5 层，8 度时超过 4 层和 9 度时，插筋不应小于 1Φ14。

　　4）芯柱应伸入室外地面下 500 mm 或与埋深小于 500 mm 的基础圈梁相连。

　　5）为提高墙体抗震受剪承载力而设置的芯柱，宜在墙体内均匀布置，最大净距不宜大于 2.0 m。

　　6）多层小砌块房屋墙体交接处或芯柱与墙体连接处应设置拉结钢筋网片，网片可采用直径 4 mm 的钢筋点焊而成，沿墙高间距不大于 600 mm，并应沿墙体水平通长设置。6、7

度时底部 1/3 楼层，8 度时底部 1/2 楼层，9 度时全部楼层，上述拉结钢筋网片沿墙高间距不大于 400 mm。

2 小砌块房屋中替代芯柱的钢筋混凝土构造柱，应符合下列构造要求：

1）构造柱最小截面不宜小于 190 mm × 190 mm，纵向钢筋宜采用 4φ12，箍筋间距不宜大于 250 mm，且在柱上下端宜适当加密；6、7 度时超过 5 层，8 度时超过 4 层和 9 度时，构造柱纵向钢筋宜采用 4φ14，箍筋间距不应大于 200 mm；外墙转角的构造柱可适当加大截面及配筋。

2）构造柱与砌块墙连接处应砌成马牙槎，与构造柱相邻的砌块孔洞，6 度时宜填实，7 度时应填实，8、9 度时应填实并插筋；构造柱与砌块墙之间沿墙高每隔 600 mm 设置 φ4 点焊拉结钢筋网片，并应沿墙体水平通长设置。6、7 度时底部 1/3 楼层，8 度时底部 1/2 楼层，9 度时全部楼层，上述拉结钢筋网片沿墙高间距不大于 400 mm。

3）构造柱与圈梁连接处，构造柱的纵筋应在圈梁纵筋内侧穿过，保证构造柱纵筋上下贯通。

4）构造柱可不单独设置基础，但应伸入室外地面下 500 mm，或与埋深小于 500 mm 的基础圈梁相连。

3 小砌块房屋的层数，6 度时超过 5 层、7 度时超过 4 层、8 度时超过 3 层和 9 度时，在底层和顶层的窗台标高处，沿纵横墙应设置通长的水平现浇钢筋混凝土带；其截面高度不小于 60 mm，纵筋不少于 2φ10，并应有分布拉结钢筋；其混凝土强度等级不应低于 C20；水平现浇混凝土带亦可采用槽形砌块替代模板，其纵筋和拉结钢筋不变。

4 小砌块房屋的其他抗震构造措施，应符合本规程第5.4.8条至5.4.11条、第5.4.13条至5.4.16条的有关要求。

5.4.20 Ⅲ类砌体结构房屋的抗震承载力验算按现行国家标准《建筑抗震设计规范》GB 50011 的方法进行抗震分析，按本规程第3.1.8条的规定进行构件承载力验算，并考虑震损程度的影响。当抗震构造措施不满足本节各条款的要求时，可按本规程第5.2节的方法计入构造的影响进行综合评价。

按照附录 A 选用材料性能指标，按照附录 D 进行砌体结构抗震承载力验算。

5.4.21 Ⅲ类砌体结构房屋的抗震鉴定结论按如下原则确定：

1 符合本规程第5.4.1条～第5.4.21条的相关规定时，房屋的抗震能力评为满足抗震鉴定要求。

2 符合本规程第5.4.1条～第5.4.11条、第5.4.20条的相关规定，第5.4.12条～第5.4.19条中有个别条款规定不符合时，房屋的抗震能力评为基本满足抗震鉴定要求，对不符合部分可采取相应措施。

3 不符合本规程第5.4.1条～第5.4.11条、第5.4.20条中的任一条款规定时，或第5.4.12条～第5.4.19条中多数条款规定不符合时，房屋的抗震能力评为不满足抗震鉴定要求，应进行抗震加固。

5.5 抗震加固方法

5.5.1 房屋抗震承载力不能满足要求时，可选择下列加固方法：

1 拆砌或增设抗震墙：对强度过低或破坏严重的原墙体可拆除重砌；重砌和增设抗震墙的材料可采用砖或砌块，也可采用现浇钢筋混凝土。

2 修补和灌浆：对已开裂的墙体，可采用压力灌浆修补；对砌筑砂浆饱满度差或砌筑砂浆强度等级偏低的墙体，可用满墙灌浆加固。修补后墙体的刚度和抗震能力，可按原砌筑砂浆强度等级计算。

3 面层加固：在砌体墙侧面增抹一定厚度的无筋、有钢筋网的水泥砂浆，形成组合墙体的加固方法。

4 板墙加固：在砌体墙侧面绑扎钢筋网片后浇筑或喷射一定厚度的混凝土，形成抗震墙的加固方法。

5 增设构造柱加固：在墙体交接处采用现浇钢筋混凝土构造柱加固，构造柱应与圈梁、拉杆连成整体，或与现浇钢筋混凝土楼、屋盖可靠连接。

6 包角或镶边加固：在柱、墙角或门窗洞边用型钢或钢筋混凝土包角或镶边；柱、墙垛还可用现浇钢筋混凝土套加固。

7 支撑或支架加固：对刚度差的房屋，可增设型钢或钢筋混凝土支撑或支架加固。

8 粘贴纤维复合材加固：对平面内抗剪承载能力不满足要求或需平面内抗震加固的烧结普通砖墙片，可采用粘贴纤维复合材加固。

5.5.2 房屋的整体性不满足要求时，可选择下列加固方法：

1 当墙体布置在平面内不闭合时，可在开口处增设墙段或现浇钢筋混凝土框形成闭合。

2 当纵横墙连接较差时，可采用钢拉杆、长锚杆、增设构造柱、外加圈梁或局部采用钢筋网水泥砂浆面层等加强纵横墙连接。

3 楼、屋盖构件支承长度不能满足要求时，可增设附加支座加大支承长度、托梁或采取增强楼、屋盖整体性等的措施；对腐蚀变质的构件应更换；对无下弦的人字屋架应增设下弦拉杆。

4 当圈梁设置不符合鉴定要求时，应增设圈梁；外墙圈梁宜采用现浇钢筋混凝土，内墙圈梁可用钢拉杆或在进深梁端加锚杆代替；当采用双面钢筋网砂浆面层或钢筋混凝土板墙加固，且在上下两端增设配筋加强带时，可不另设圈梁。

5 当构造柱或芯柱设置不符合鉴定要求时，应增设构造柱；当墙体采用双面钢筋网砂浆面层或钢筋混凝土板墙加固且墙体交接处增设相互可靠拉结的配筋加强带时，可不另设构造柱。

5.5.3 对房屋中易倒塌的部位，可选择下列加固方法：

1 承重窗间墙宽度过小或抗震能力不能满足要求时，可增设钢筋混凝土窗框或采用钢筋网水泥砂浆面层、钢筋混凝土板墙等进行加固。

2 隔墙无拉结或拉结不牢，可采用镶边、埋设铁夹套、锚筋或钢拉杆加固。当隔墙过长、过高时，可采用钢筋网水泥砂浆面层进行加固。

3 支承大梁等的墙段抗震能力不能满足要求时，可增设砌体柱、组合柱、钢筋混凝土柱或采用面层、板墙加固。

4 出屋面的楼梯间、电梯间和水箱间不符合鉴定要求时，可采用面层或增设构造柱加固，其上部应与屋盖构件有可靠连接，下部应与主体结构的加固措施相连；结构整体抗震验算时，应考虑楼梯踏步板和休息平台梁、板的刚度。

　　5　出屋面的烟囱、无拉结女儿墙超过规定的高度时，宜拆矮或采用型钢、钢拉杆加固。

　　6　悬挑构件的锚固长度不能满足要求时，宜采用增设托架、外加钢套等或采取减少悬挑长度的措施。

　　7　置于板上的自承重墙或承重砖墙，应进行拆换或改变传力路线。

5.5.4　当具有明显扭转效应的多层砌体房屋抗震能力不能满足要求时，可优先在薄弱部位增砌砖墙或现浇钢筋混凝土墙，或在原墙加面层；亦可采取分割平面单元，减少扭转效应的措施。

5.5.5　现有的空斗墙房屋和普通黏土砖砌筑的墙厚不大于180 mm 的房屋需要继续使用时，应采用双面钢筋网水泥砂浆面层或钢筋混凝土板墙加固。

5.6　抗震加固设计及施工

Ⅰ　面层加固法

5.6.1　面层加固法是指在墙体的单面或双面采用高强水泥砂浆勾缝、敷设水泥砂浆面层或钢筋网水泥砂浆面层对墙体进行加固的方法。

5.6.2　当采用钢筋网水泥砂浆面层对砌体构件进行抗震加固时，其原砌体的砌筑砂浆强度等级应符合下列要求：

　　1　对砖砌体，其原砌筑砂浆强度等级不宜低于 M1；当为低层建筑时，允许不低于 M0.4。

2 对砌块砌体，其砌筑砂浆强度等级不应低于 M2.5。

5.6.3 材料性能指标应符合下列要求：

1 面层的砂浆强度等级，不应低于 M10。

2 钢筋网中普通钢筋的强度等级宜优先选用 HRB400 钢筋，也可采用 HPB300、HRB335 钢筋。

5.6.4 对于 I 类砌体房屋采用面层加固法加固后，有关构件支承长度的影响系数应作相应改变，有关墙体局部尺寸的影响系数可取 1.0，楼层抗震能力的增强系数可按下列公式计算：

$$\eta_{\text{p}i} = 1 + \frac{\sum_{j=1}^{n}(\eta_{\text{p}ij}-1)A_{ij0}}{A_{i0}} \tag{5.6.4-1}$$

$$\eta_{\text{p}ij} = \frac{240}{t_{\text{w}0}}\left[\eta_0 + 0.075\left(\frac{t_{\text{w}0}}{240}-1\right)/f_{\text{v}E}\right] \tag{5.6.4-2}$$

式中 $\eta_{\text{p}i}$ —— 面层加固的第 i 楼层抗震能力的增强系数；

         $\eta_{\text{p}ij}$ —— 第 i 楼层中 j 墙段的增强系数；

         η_0 —— 基准增强系数，黏土砖实心墙体可按表 5.6.4 采用，空斗墙体应双面加固，可取表中数值的 1.3 倍；

         A_{i0} —— 第 i 楼层中验算方向原有抗震墙在 1/2 层高处净截面的面积；

         A_{ij0} —— 第 i 楼层中验算方向面层加固的抗震墙 j 墙段在 1/2 层高处净截面的面积；

         n —— 第 i 楼层中验算方向上的面层加固的抗震墙的道数；

         $t_{\text{w}0}$ —— 原墙体厚度(mm)；

         $f_{\text{v}E}$ —— 原墙体的抗震抗剪强度设计值(MPa)。

表 5.6.4　面层加固的基准增强系数

面层厚度(mm)	面层砂浆强度等级	钢筋网		单面加固			双面加固		
				原墙体砂浆强度等级					
		直径(mm)	间距(mm)	M0.4	M1.0	M2.5	M0.4	M1.0	M2.5
20		无筋	—	1.46	1.04	—	2.08	1.46	1.13
30	M10	6	300	2.06	1.35	—	2.97	2.05	1.52
40		6	300	2.16	1.51	1.16	3.12	2.15	1.65

5.6.5 对于Ⅰ类砌体房屋，加固后黏土砖墙体刚度的提高系数应按下列公式计算：

1 单面加固实心砖墙：

$$\eta_k = \frac{240}{t_{w0}}\eta_{k0} - 0.75\left(\frac{240}{t_{w0}} - 1\right)$$　　　　　(5.6.5-1)

2 双面加固实心砖墙：

$$\eta_k = \frac{240}{t_{w0}}\eta_{k0} - \left(\frac{240}{t_{w0}} - 1\right)$$　　　　　(5.6.5-2)

3 双面加固空斗墙：

$$\eta_k = 1.67(\eta_{k0} - 0.4)$$　　　　　(5.6.5-3)

式中　η_k——加固后墙体的刚度提高系数；

　　　η_{k0}——刚度的基准提高系数，可按表 5.6.5 采用。

表 5.6.5　面层加固墙体刚度的基准提高系数

面层厚度(mm)	面层砂浆强度等级	单面加固			双面加固		
		原墙体砂浆强度等级					
		M0.4	M1.0	M2.5	M0.4	M1.0	M2.5
20	M10	1.39	1.12	—	2.71	1.98	1.70
30		1.71	1.30	—	3.57	2.47	2.06
40		2.03	1.49	1.29	4.43	2.96	2.41

5.6.6 面层加固构造要求：

1 水泥砂浆面层的厚度宜为 20 mm。钢筋网砂浆面层的厚度：对室内正常湿度环境，宜为 35 ~ 45 mm；对露天或潮湿环境，宜为 45 ~ 50 mm。

2 受力钢筋的砂浆层保护层厚度不应小于表 5.6.6 的规定，内层钢筋与墙面的空隙不宜小于 5 mm。

表 5.6.6　钢筋网水泥砂浆保护层最小厚度(mm)

构件类别	室内环境	露天或室内潮湿环境
墙	15	25
柱	25	35

3 钢筋网宜采用点焊方格钢筋网，网中竖向受力钢筋直径不应小于 8 mm，水平分布钢筋直径宜为 6 mm；网格尺寸，实心墙不宜大于 300 mm × 300 mm，空斗墙不宜大于 200 mm × 200 mm。

4 单面加面层的钢筋网应采用 φ6 的 L 形锚筋，用水泥砂浆或其他锚固材料固定在墙体上；双面加面层的钢筋网应采

用 Φ6 的 S 形穿墙筋连接；L 形锚筋和 S 形穿墙筋的间距均不应大于 500 mm，并且呈梅花状布置。

5 钢筋网四周应与楼板或大梁、柱或墙体连接，可采用植筋、锚栓、插入短筋、拉结筋等连接方法。

6 当钢筋网的横向钢筋遇有门窗洞口时，单面加固宜将钢筋弯入洞口侧边锚固，双面加固宜将两侧横向钢筋在洞口闭合，且尚应在钢筋网折角处设置竖向构造钢筋；此外，在门窗洞口角部处尚应设置附加的斜向钢筋。

7 底层的钢筋网面层，在室（内）外地面下宜加厚并伸入地面下 500 mm。

5.6.7 当原构件为混凝土小型空心砌块砌体时，不得采用单侧外加面层加固。

5.6.8 面层加固施工应符合下列要求：

1 水泥砂浆或钢筋网砂浆面层宜按下列顺序施工：原墙面清底、钻孔并用水冲刷，铺设钢筋网并安设锚筋，浇水湿润墙面，抹水泥砂浆并养护、墙面装饰。

2 原墙面碱蚀严重时，应先清除松散部分，并用 1∶3 水泥砂浆抹面，已松动的勾缝砂浆应剔除。

3 在墙面钻孔时，应按设计要求先画线标出锚筋（或穿墙筋）位置，并用电钻打孔。穿墙孔直径宜比 S 形筋大 2 mm，锚筋孔直径宜为锚筋直径的 2～2.5 倍，其孔深宜为 100～120 mm，锚筋插入孔洞后，应采用水泥砂浆或其他锚固材料填实。钻孔位置孔位宜适当调整，尽量布置在水平灰层中，避免钻孔损坏块材。

4 铺设钢筋网时，竖向钢筋应靠墙面并采用钢筋头支起。

74

5 抹水泥砂浆（或聚合物砂浆）时，应先在墙面刷水泥浆（或界面剂）一道，再分遍成活，每遍厚度不应超过 15 mm。应采取可靠措施，最终形成整体，不允许分层。

6 面层应浇水养护，防止阳光曝晒，冬季应采取防冻措施。

Ⅱ 板墙加固法

5.6.9 板墙加固法是指在砌体墙侧面绑扎钢筋网片后浇注或喷射一定厚度的混凝土，形成抗震墙的加固方法。

5.6.10 材料性能指标应符合下列要求：

1 混凝土的强度等级不应低于 C20。

2 板墙普通钢筋的强度等级宜选用 HRB400 和 HPB300 钢筋。

5.6.11 对于Ⅰ类砌体房屋采用板墙加固后，有关构件支承长度的影响系数应作相应改变，有关墙体局部尺寸的影响系数可取 1.0；楼层抗震能力的增强系数可按本规程公式（5.6.4-1）计算；其中，板墙加固墙段的增强系数，当原有墙体砌筑砂浆强度等级为 M2.5 或 M5 时可取 2.5；砌筑砂浆强度等级为 M7.5 时可取 2.0；砌筑砂浆强度等级为 M10 时可取 1.8。

5.6.12 采用现浇钢筋混凝土板墙加固墙体时应符合下列构造要求：

1 板墙厚度宜为 60～100 mm。

2 板墙可配置单排钢筋网片，竖向钢筋可采用 Φ12，横向钢筋可采用 Φ6，间距宜为 150～200 mm。

3 板墙应与楼、屋盖可靠连接，可设置穿过楼板与竖向筋等面积的短筋，其间距不应大于 1 m，两端应分别锚入上下层的板墙内，且锚固长度不应小于 40 倍短筋直径。

4 板墙应与两端的原有墙体可靠连接，可沿墙体高度设置 Φ12 的拉结钢筋，其间距不宜大于 500 mm，拉结钢筋一端锚入板墙内的长度不宜小于 0.5 m，另一端应锚固在端部的原有墙体内。

5 单面板墙宜采用直径为 8 mm 的 L 形锚筋与原砌体墙连接；双面板墙宜采用直径为 8 mm 的 S 形穿墙筋与原墙体连接；锚筋在砌体内的锚固深度不宜小于 180 mm；锚筋的间距不宜大于 600 mm，穿墙筋的间距不宜大于 900 mm，并宜呈梅花状布置。

6 板墙应有基础，基础埋深宜与原有基础相同。

5.6.13 当采用双面板墙加固且新增混凝土层的厚度不小于 140 mm 时，其增强系数可按增设钢筋混凝土抗震墙加固法取值。

5.6.14 板墙加固的施工应符合下列要求：

1 板墙加固施工的基本顺序、钻孔注意事项，可按本规程第 5.6.8 条对面层加固的相关规定执行。

2 板墙可支模浇筑或采用喷射混凝土工艺，应采取措施使墙顶与楼板交界处混凝土密实，浇筑后应加强养护。

Ⅲ 增砌墙体加固法

5.6.15 当房屋抗震承载力不能满足要求时，可采取拆砌或增设砌体抗震墙的方法进行加固。

5.6.16 材料性能指标应符合下列要求：

1 烧结普通砖和烧结多孔砖的强度等级不应低于 MU10。

2 砌筑砂浆的强度等级应比原墙体的砂浆强度等级提高

一级，且不应低于 M5。

3 普通钢筋的强度等级宜优先选用 HPB300 钢筋。

5.6.17 对于 I 类砌体房屋，加固后，横墙间距的体系影响系数应作相应改变；楼层抗震能力的增强系数可按下式计算：

$$\eta_{\mathrm{w}i} = 1 + \frac{\sum_{j=1}^{n} \eta_{ij} \cdot A_{ij}}{A_{i0}} \qquad (5.6.17)$$

式中　$\eta_{\mathrm{w}i}$——增设墙体后第 i 楼层抗震能力的增强系数。

A_{i0}——第 i 楼层中验算方向上的原有抗震墙在 1/2 层高处净截面的总面积。

A_{ij}——第 i 楼层中验算方向上增设的抗震墙 j 墙段在 1/2 层高处的净截面面积。

η_{ij}——第 i 楼层第 j 墙段的增强系数，对黏土砖墙，无筋时取 1.0；有混凝土带时取 1.12；有钢筋网片时，240 mm 厚的墙取 1.10，370 mm 厚的墙取 1.08。

n——第 i 楼层中验算方向增设的抗震墙道数。

5.6.18 增设砌体抗震墙加固设计应符合下列构造要求：

1 墙厚不应小于 190 mm。

2 墙体中宜设置现浇带或钢筋网片加强；墙体中沿墙体高度每隔 0.7 ~ 1.0 m 可设置与墙等宽、高 60 mm 的细石混凝土现浇带，其纵向钢筋可采用 3φ6，横向系筋可采用 φ6，其间距宜为 200 mm；当墙厚为 240 mm 或 370 mm 时，可沿墙体高度每隔 300 ~ 700 mm 设置一层焊接钢筋网片，钢筋网片的纵向钢筋可采用 3φ4，横向系筋可采用 φ4，其间距宜为 150 mm。

3 墙顶应设置与墙等宽的现浇钢筋混凝土压顶梁，并与楼、屋盖的梁（板）可靠连接，可每隔 500～700 mm 设置 Φ12 的锚筋或 M12 的锚栓连接；压顶梁高不应小于 120 mm，纵筋不宜少于 4Φ12，箍筋可采用 Φ6，其间距宜为 150 mm。

4 抗震墙应与原有墙体可靠连接，可沿墙体高度每隔 500～600 mm 设置 2Φ6 且长度不小于 1 m 的钢筋与原有墙体用锚栓或植筋连接；当墙体内有混凝土带或钢筋网片时，可在相应位置处加 2Φ12 拉筋，锚入混凝土带内长度不宜小于 500 mm，另一端锚在原墙体或增设构造柱内，亦可在新砌墙与原墙间加现浇钢筋混凝土内柱，柱顶与压顶梁连接，柱与原墙应采用锚筋、销键或锚栓连接。

5 抗震墙应设基础，基础埋深宜与相邻抗震墙相同，宽度不应小于计算确定的宽度的 1.15 倍。

5.6.19 砌体抗震墙中配筋的细石混凝土带，可在砌到设计标高时浇筑，当混凝土终凝后方可在其上砌砖。

Ⅳ 增设钢筋混凝土抗震墙加固法

5.6.20 当房屋抗震承载力不能满足要求时，可采取增设钢筋混凝土抗震墙的方法进行加固。

5.6.21 材料性能指标应符合下列要求：

1 混凝土的强度等级不应低于 C20。

2 增设混凝土墙体普通钢筋的强度等级宜选用 HRB400 和 HPB300 钢筋。

5.6.22 当增设现浇钢筋混凝土抗震增加固房屋时应符合下列要求：

1 原墙体的砌筑砂浆强度等级不应低于 M2.5。

2 现浇混凝土墙沿平面宜对称布置，沿高度宜连续布置，其厚度可为 120～150 mm。

3 可采用《建筑抗震设计规范》GB 50011 关于四级抗震墙的构造要求。

4 抗震墙应设基础。

5 增设的混凝土墙与原墙、柱和梁板均应有可靠连接。

5.6.23 对于 I 类砌体房屋，加固后，横墙间距的影响系数应作相应改变；楼层抗震能力的增强系数可按本规程公式（5.6.17）计算，其中，增设墙段的厚度可按 240 mm 计算，增强系数，原墙体砌筑砂浆等级不高于 M7.5 时可取为 2.8，M10 时可取 2.5。

V 增设构造柱加固法

5.6.24 当采用增设钢筋混凝土构造柱加固房屋时，构造柱的设置应符合下列要求：

1 构造柱应在房屋四角、楼梯间和不规则平面的转角处设置，并可根据房屋的现状在内外墙交接处隔开间或每开间设置。

2 构造柱宜在平面内对称布置，应由底层设起，并应沿房屋高度贯通，不得错位。

3 构造柱应与圈梁或钢拉杆连成闭合系统；内墙圈梁可用墙（梁）两侧的钢拉杆代替，拉杆直径不应小于 14 mm，增设构造柱必须与现浇钢筋混凝土楼、屋盖或原有圈梁可靠连接。

4 当采用增设构造柱增强墙体的抗震能力时，钢拉杆不宜少于 2Φ16 的钢筋，其在圈梁内的锚固长度应符合受拉钢筋的要求。

5 内廊房屋的内廊在增设构造柱的轴线处无连系梁时，应在内廊两侧的内纵墙加柱，或在内廊的楼、屋盖板下增设现浇钢筋混凝土梁或组合钢梁；钢筋混凝土梁的截面高度不应小于层高的 1/10，梁两端应与原有的梁板可靠连接。

6 构造柱的设置部位和数量不满足本规程要求时，可采用增设钢筋混凝土柱的方法在相应位置增设构造柱。

5.6.25 材料性能指标应符合下列要求：

1 混凝土的强度等级不应低于 C20；

2 增设钢筋混凝土柱的普通钢筋的强度等级宜选用 HRB400 和 HPB300 级钢筋。

5.2.26 对于 I 类砌体房屋，加固后，墙体连接的构造影响系数和有关墙垛局部尺寸的影响系数应取 1.0，楼层抗震能力的增强系数应按下式计算：

$$\eta_{ci} = 1 + \frac{\sum\limits_{j=1}^{n}(\eta_{cij}-1)A_{ij0}}{A_{i0}} \quad\quad (5.6.26)$$

式中　η_{ci} —— 增设构造柱加固后第 i 楼层抗震能力的增强系数；

　　　η_{cij} —— 第 i 楼层第 j 墙段增设构造柱加固的增强系数，对黏土砖墙可按表 5.6.26 采用；

　　　n —— 第 i 楼层中验算方向有增设构造柱的抗震墙道数。

表 5.6.26　增设构造柱加固黏土砖墙的增强系数

砌筑砂浆 强度等级	构造柱在加固墙体的位置			
	一端	两端		窗间墙中部
		墙体无洞	墙体有一洞	
≤ M2.5	1.1	1.3	1.2	1.2
≥ M5	1.0	1.1	1.1	1.1

5.6.27 增设构造柱的构造应符合下列要求：

1 构造柱截面可采用 240 mm × 180 mm 或 300 mm × 150 mm；扁柱的截面面积不宜小于 36 000 mm^2，宽度不宜大于 700 mm，厚度不宜小于 70 mm；外墙转角可采用边长为 600 mm 的 L 形等边角柱，厚度不应小于 120 mm。

2 纵向钢筋不宜少于 4φ12，转角处纵向钢筋不宜少于 12φ12，并宜双排布置；箍筋可采用 φ6，其间距宜为 150～200 mm；在楼、屋盖上下各 500 mm 范围内的箍筋间距不应大于 100 mm。

3 构造柱应与墙体可靠连接，宜在楼层 1/3 和 2/3 层高处同时设置拉结钢筋和销键与墙体连接，亦可沿墙体高度每隔 500 mm 设置压浆锚杆、锚栓或植筋与墙体连接；在室外地坪标高和外墙基础的大方角处应设销键、压浆锚杆、锚栓或植筋与墙体连接。

4 构造柱应做基础，埋深宜与外墙基础相同，基础截面应由设计人员根据实际受力情况和地基情况验算确定。

5.6.28 拉结钢筋、销键、压浆锚杆和锚筋应符合下列要求：

1 拉结钢筋可采用 2φ12 的钢筋，长度不应小于 1.5 m，应紧贴横墙布置；其一端应锚在增设构造柱内，另一端应锚入横墙的孔洞内；孔洞尺寸宜采用 120 mm × 120 mm，拉结钢筋的锚固长度不应小于其直径的 15 倍，并用混凝土填实。

2 销键截面宜为 240 mm × 180 mm，入墙深度可为 180 mm，销键应配 4Φ18 钢筋和 2Φ6 箍筋，销键与增设构造柱必须同时浇筑。

3 压浆锚杆可用 1Φ14 的钢筋，在柱与横墙内锚固长度均不应小于锚杆直径的 35 倍，锚浆可采用水玻璃砂浆或专用锚固材料，锚杆应先在墙面固定后，再浇筑构造柱混凝土，墙体锚孔压浆前应用压力水将孔洞冲刷干净。

4 锚筋适用于砌筑砂浆强度等级不低于 M2.5 的实心砖墙体，并可采用 Φ12 钢筋；锚孔直径可取 25 mm，锚入深度可采用 150～200 mm。

Ⅵ 增设圈梁、钢拉杆加固法

5.6.29 材料性能指标应符合下列要求：

1 混凝土的强度等级不应低于 C20。

2 普通钢筋的强度等级宜选用 HRB400 和 HPB300 钢筋。

5.6.30 圈梁的布置和构造应符合下列要求：

1 增设的圈梁宜在楼、屋盖标高的同一平面内闭合；在阳台、楼梯间等圈梁标高变换处，应有局部加强措施；变形缝两侧的圈梁应分别闭合。

2 圈梁应现浇，圈梁截面高度不应小于 180 mm，宽度不应小于 120 mm；7、8 度时层数不超过 3 层的房屋，顶层可采用型钢圈梁，当采用槽钢时不应小于 [8，当采用角钢时不应小于∟75×6。

3 圈梁的纵向钢筋，7、8、9度时可分别采用4φ10、4φ12和 4φ14；箍筋可采用 φ6，其间距不宜大于 200 mm；增设构造柱和钢拉杆锚固点两侧各 500 mm 范围内的箍筋应加密。

5.6.31 增设的圈梁应与墙体可靠连接；钢筋混凝土圈梁可采用销键、锚筋或锚栓连接；型钢圈梁宜采用普通螺栓连接。采用的销键、锚筋、锚栓和螺栓应符合下列要求：

1 销键的高度宜与圈梁相同，宽度和锚入墙内的深度均不应小于 180 mm，主筋可采用 4φ8，箍筋可采用 φ6。销键宜设在窗口两侧，其水平间距可采用 1～2 m。

2 锚栓和锚筋的直径不应小于 12 mm，锚入圈梁内的垫板尺寸可采用 60 mm×60 mm×6 mm，间距可采用 1～1.2 m。

3 型钢圈梁与墙体连接采用普通螺栓拉结时，螺杆直径不应小于 12 mm，间距可采用 1～1.2 m。

5.6.32 对于Ⅰ类砌体房屋，加固后，圈梁布置和构造的体系影响系数应取 1.0。

5.6.33 代替内墙圈梁的钢拉杆应符合下列要求：

1 当每开间均有横墙时应至少隔开间采用 2φ14 的钢筋，多开间有横墙时在横墙两侧的钢拉杆直径不应小于 16 mm。

2 沿内纵墙端部布置的钢拉杆长度不得小于两开间；沿横墙布置的钢拉杆两端应锚入增设构造柱、圈梁内或与原墙体锚固，但不得直接锚固在外廊柱头上；单面走廊的钢拉杆在走廊两侧墙体上都应锚固。

3 钢拉杆在增设圈梁内锚固时，可采用弯钩，其长度不得小于拉杆直径的 35 倍；或加焊 80 mm×80 mm×8 mm 的垫板埋入圈梁内，其垫板与墙面的间隙不应小于 50 mm。

4 钢拉杆在原墙体锚固时，应采用钢垫板，拉杆端部应加焊相应的螺栓。钢拉杆方形垫板的尺寸可按表 5.6.33 采用。

表 5.6.33　钢拉杆方形垫板尺寸（边长×厚度,mm）

钢拉杆直径(mm)	原墙体厚度(mm)					
	370			180～240		
	墙体砂浆强度等级					
	M0.4	M1.0	M2.5	M0.4	M1.0	M2.5
12	200×10	100×10	100×14	200×10	150×10	100×12
14	—	150×12	100×14	—	250×10	100×12
16		200×15	100×14		350×14	200×14
18	—	200×15	150×16		—	250×15
20		300×17	200×19			350×17

5.6.34 用于增强纵、横墙连接的圈梁、钢拉杆，尚应符合下列要求：

1 圈梁应现浇；7、8 度且砌筑砂浆强度等级为 M0.4 时，圈梁截面高度不应小于 200 mm，宽度不应小于 180 mm。

2 当层高为 3 m、承重横墙间距不大于 3.6 m，且每开间外墙面洞口不小于 1.2 m×1.5 m 时，增设圈梁的纵向钢筋可按表 5.6.34-1 采用。钢拉杆的直径可按表 5.6.34-2 采用。单根拉杆直径过大时，可采用双拉杆，但其总有效截面面积应大于单根拉杆有效截面面积的 1.25 倍。

3 房屋为纵墙或纵横墙承重时，无横墙处可不设置钢拉杆，但增设的圈梁应与楼、屋盖可靠连接。

表 5.6.34-1 增强纵横墙连接的钢筋混凝土圈梁的纵向钢筋

总层数	圈梁设置楼层	砌体砂浆强度等级	墙体厚度(mm) 370 — 烈度 6	7	8	9	墙体厚度(mm) 240 — 烈度 6	7	8	9
6	5~6	M1,M2.5 M0.4	4Φ10	4Φ10 4Φ12	4Φ12 4Φ14	—	4Φ10	4Φ10 4Φ12	4Φ12 4Φ14	—
6	1~4	M1,M2.5 M0.4	4Φ10	4Φ10 4Φ12	4Φ12 —		4Φ10	4Φ10 -	4Φ12 -	
5	4~5	M1,M2.5 M0.4	4Φ10	4Φ10 4Φ12	4Φ12	—	4Φ10	4Φ10	4Φ12	—
5	1~3	M1,M2.5 M0.4	4Φ10	4Φ10 4Φ12	4Φ12	—	4Φ10	4Φ10 —	4Φ12 —	
4	3~4	M1,M2.5 M0.4	4Φ10	4Φ10 —	4Φ12 4Φ14	4Φ14	4Φ10	4Φ10 —	4Φ12 —	4Φ14 —
4	1~2	M1,M2.5 M0.4	4Φ10	4Φ10 —	4Φ12 —	4Φ14	4Φ10	4Φ10 —	4Φ12 —	4Φ14 —
3	1~3	—	4Φ10	4Φ10	4Φ12	4Φ14	4Φ10	4Φ10	4Φ12	4Φ14

表 5.6.34-2 增强纵横墙连接的钢拉杆直径

总层数	钢拉杆设置楼层	烈度 6 每层隔开间 ≤370	烈度 7 每层隔开间 ≤240	370	烈度 8 隔层每开间 ≤240	370	烈度 8 每层每开间 ≤240	370	烈度 9 每层每开间 ≤240	370
6	1~6	Φ12	Φ12	Φ16	—	—	—	—	—	—
5	4~5 1~3	Φ12	Φ12	Φ16	—	—	Φ14	Φ16	Φ16 Φ14	—
4	3~4 1~2	Φ12	Φ12	Φ16	Φ16	Φ20	Φ14	Φ16	Φ14 Φ14	Φ16 Φ16
3	1~3	Φ12	Φ14	Φ16	Φ20	Φ14	Φ14	Φ14	Φ16	Φ20
2	1~2	Φ12	Φ14	Φ16	Φ20	Φ14	Φ14	Φ14	Φ14	Φ18
1	1	Φ12	Φ14	Φ16	Φ18	–	–	Φ14	Φ14	Φ16

5.6.35 圈梁和钢拉杆的施工应符合下列要求：

    1 增设圈梁处的墙面有酥碱、油污或饰面层时，应清除干净；圈梁与墙体连接的孔洞应用水冲洗干净；混凝土浇筑前，应浇水润湿墙面和木模板；锚筋和膨胀螺栓应可靠锚固。

    2 圈梁的混凝土宜连续浇筑，不得在距钢拉杆（或横墙）1 m 以内留施工缝。对于外加圈梁，圈梁顶面应做泛水，其底面应做滴水沟。

    3 钢拉杆应张紧，不得弯曲和下垂；外露铁件应涂刷防锈漆。

Ⅶ 粘贴纤维复合材加固法

5.6.36 当烧结普通砖墙（以下简称砖墙）平面内受剪承载能力不满足要求或需平面内抗震加固时，可采用墙面粘贴碳纤维复合材进行加固。

5.6.37 被加固的砖墙，其现场实测的砖强度等级不得低于 MU7.5；砂浆强度等级不得低于 M2.5；现已开裂、腐蚀、老化的砖墙不得采用本方法进行加固。

5.6.38 采用本方法加固的纤维材料及其配套的结构胶黏剂，其安全性能应符合《砌体结构加固设计规范》GB 50702－2011第 4 章的要求。

5.6.39 外贴纤维复合材加固砖墙时，应将纤维受力方式设计成仅承受拉应力作用。

5.6.40 粘贴在砖砌构件表面上的纤维复合材，其表面应进行防护处理。表面防护材料应对纤维及胶黏剂无害。

5.6.41 采用本方法加固的砖墙结构，其长期使用的环境温度不应高于 60 ℃；处于特殊环境的砖砌结构采用本方法加固时，除应按国家现行有关标准的规定采取相应的防护措施外，尚应采用耐环境因素作用的胶黏剂，并按专门的工艺要求施工。

5.6.42 碳纤维和玻璃纤维复合材的设计指标必须分别按表5.6.42-1及表5.6.42-2的规定值采用。

表 5.6.42-1 **碳纤维复合材设计指标**

性能项目		单向织物（布）		条形板
		高强度Ⅱ级	高强度Ⅲ级	高强度Ⅱ级
抗拉强度设计值 f_f (MPa)	重要结构	1 400	—	1 000
	一般结构	2 000	1 200	1 400
弹性模量设计值 E_f(MPa)	所有结构	2.0×10^5	1.8×10^5	1.4×10^5
拉应变设计值 ε_f	重要结构	0.007		0.007
	一般结构	0.01	—	0.01

表 5.6.42-2 **玻璃纤维复合材设计指标**

材料类别	抗拉强度设计值 f_f(MPa)		弹性模量设计值 E_f(MPa)		拉应变设计值 ε_f	
	重要结构	一般结构	重要结构	一般结构	重要结构	一般结构
S玻璃纤维	500	700	7.0×10^4		0.007	0.01
E玻璃纤维	350	500	5.0×10^4		0.007	0.01

5.6.43 当被加固构件的表面有防火要求时，应按现行国家标准《建筑设计防火规范》GB 50016 规定的耐火等级及耐火极限要求，对胶层和纤维复合材进行防护。

5.6.44 粘贴纤维复合材提高砌体墙平面内受剪承载力的加固方式，可根据工程实际情况选用：水平粘贴方式、交叉粘贴方式、平叉粘贴方式或双叉粘贴方式等(图 5.6.44-1 及图

5.6.44-2)。每一种方式的端部均应加贴竖向或横向压条。

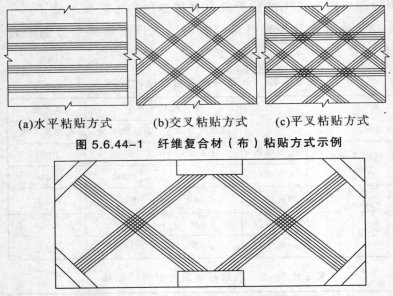

(a)水平粘贴方式　　(b)交叉粘贴方式　　(c)平叉粘贴方式

图 5.6.44-1　纤维复合材（布）粘贴方式示例

图 5.6.44-2　纤维复合材（条形板）粘贴方式示例

5.6.45　粘贴纤维复合材对砌体墙平面内受剪加固的受剪承载力应符合下列条件：

$$V \leqslant V_m + V_F \tag{5.6.45-1}$$

$$V \leqslant 1.4\alpha_V V_m \tag{5.6.45-2}$$

式中　V——砌体墙平面内剪力设计值。

V_m——原砌体受剪承载力，按现行国家标准《砌体结构设计规范》GB 50003 的规定计算确定。

V_F——采用纤维复合材加固后提高的受剪承载力。

α_V——原砌体压应力影响系数，对一般情况，取 α_V 为

1.0；对原砌体砂浆强度等级不低于 M5，且原构件轴压比不小于 0.5 的情况，取 α_V 为 0.90。

5.6.46 粘贴纤维复合材后提高的受剪承载力 V_F 应按下列规定计算：

$$V_F = \alpha_f f_f \sum_{i=1}^{n} A_{fi} \cos \alpha_i \qquad (5.6.46)$$

式中 α_f ——纤维复合材参与工作系数，对水平粘贴方式和交叉方式分别按表 5.6.46-1 及表 5.6.46-2 取值；

f_f ——受剪加固采用的纤维复合材抗拉强度设计值，按本规程第 5.6.42 条规定的抗拉强度设计值乘以调整系数 0.28 确定；

A_{fi} ——穿过计算斜截面的第 i 个纤维复合材条带的截面面积；

α_i ——第 i 个纤维复合材条带纤维方向与水平方向的夹角；

n ——穿过计算斜截面的纤维复合材条带数。当纤维复合材在条带端部构造不满足本规程第 5.6.51 条锚固要求时，不应考虑其对受剪承载力的贡献。

注：对平斜粘贴方式，应按水平粘贴方式和交叉方式分别用式（5.6.46）计算后叠加而得。

表 5.6.46-1 水平粘贴方式纤维复合材参与工作系数 α_f

墙体高宽比	0.4	0.6	0.8	1.0	1.2
参与工作系数 α_f	0.40	0.50	0.55	0.60	0.65

表 5.6.46-2 交叉粘贴方式纤维复合材参与工作系数 α_f

穿过计算斜截面纤维布条带数 n	1	2	3	4
参与工作系数 α_f	1	0.85	0.70	0.60

5.6.47 粘贴纤维布对砖墙进行抗震加固时,应采用连续粘贴形式,以增强墙体的整体性能。

5.6.48 粘贴纤维布加固砌体墙的抗震受剪承载力应按下列公式计算:

$$V \leqslant V_{ME} + V_F \qquad (5.6.48\text{-}1)$$

$$V \leqslant 1.4\alpha_V V_{ME} \qquad (5.6.48\text{-}2)$$

式中　V——考虑地震组合墙体剪力设计值;

V_{ME}——原砌体抗震受剪承载力,按现行国家标准《砌体结构设计规范》GB 50003 的有关规定计算确定;

V_F——采用纤维复合材加固后提高的抗震受剪承载力,按本规程第 5.6.46 条计算,但应除以承载力抗震调整系数 γ_{RE},一般取 γ_{RE} 为 1.0;若原柱为组合砌体,取 γ_{RE} 为 0.85。

5.6.49 纤维布条带在全墙面上宜等间距均匀布置,条带宽度不宜小于 100 mm,条带的最大净间距不宜大于三皮砖块的高度,也不宜大于 200 mm。

5.6.50 沿纤维布条带方向应有可靠的锚固措施(图 5.6.50)。

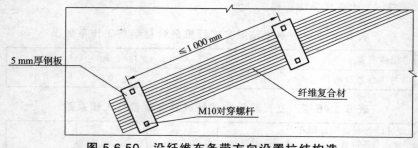

图 5.6.50　沿纤维布条带方向设置拉结构造

5.6.51 纤维布条带端部的锚固构造措施，可根据墙体端部情况，采用对穿螺栓垫板压牢（图 5.6.51）。当纤维布条带需绕过阳角时，阳角转角处曲率半径不应小于 20 mm。当有可靠的工程经验或试验资料时，也可采用其他机械锚固方式。

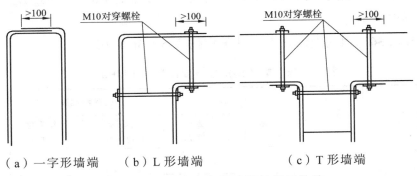

（a）一字形墙端　　（b）L 形墙端　　　　（c）T 形墙端

图 5.6.51　纤维布条带端部的锚固构造

5.6.52 当采用搭接的方式接长纤维布条带时，搭接长度不应小于 200 mm，且应在搭接长度中部设置一道锚栓锚固。

5.6.53 当砖墙采用纤维复合材加固时，其墙、柱表面应先做水泥砂浆抹平层；层厚不应小于 15 mm 且应平整；水泥砂浆强度等级应不低 MI0；粘贴纤维复合材应待抹平层硬化、干燥后方可进行。

Ⅷ　钢丝绳网-聚合物改性水泥砂浆面层加固法

5.6.54 本方法仅适用于以钢丝绳网-聚合物改性水泥砂浆面层对烧结普通砖墙进行的平面内受剪加固和抗震加固。

注：单股钢丝绳也称钢绞线。

5.6.55 采用本方法加固的砌体结构，其长期使用的环境温度不应高于 60 ℃；处于特殊环境的砌体结构采用本方法加固时，除应按国家现行有关标准的规定采取相应的防护措施外，尚应采用耐环境因素作用的聚合物改性水泥砂浆，并按专门的工艺要求施工。

5.6.56 钢丝绳的强度设计值应按表 5.6.56 采用。

表 5.6.56 钢丝绳抗拉强度设计值（MPa）

种类	符号	不锈钢丝绳		镀锌钢丝绳	
		钢丝绳公称直径(mm)	抗拉强度设计值 f_{rw}	钢丝绳公称直径(mm)	抗拉强度设计值 f_{rw}
6×7+IWS	ϕ_r	2.4 ~ 4.0	1 100	2.5 ~ 4.5	1 050
			1 050		1 000
1×19	ϕ_s	2.5	1 050	2.5	1 100

5.6.57 不锈钢丝绳和镀锌钢丝绳的弹性模量设计值及拉应变设计值应按表 5.6.57 采用。

表 5.6.57 钢丝绳弹性模量及拉应变设计值

类 别	弹性模量设计值 E_{rw}（MPa）	拉应变设计值 ε_{rw}
不锈钢丝绳	1.05×10^5	0.01
镀锌钢丝绳	1.30×10^5	0.008

5.6.57 钢丝绳计算用的截面面积及其参考质量，可按表 5.6.58 的规定值采用。

表 5.6.58　钢丝绳计算用截面面积及参考重量

种　类	钢丝绳公称直径(mm)	钢丝直径(mm)	计算用截面面积(mm²)	参考质量(kg/100 m)
6 × 7 + IWS	2.4	（0.27）	2.81	2.40
	2.5	0.28	3.02	2.73
	3.0	0.32	3.94	3.36
	3.05	（0.34）	4.45	3.83
	3.2	0.35	4.71	4.21
	3.6	0.40	6.16	6.20
	4.0	（0.44）	7.45	6.70
	4.2	0.45	7.79	7.05
	4.5	0.50	9.62	8.70
1 × 19	2.5	0.50	3.73	3.10

5.6.59 当被加固构件的表面有防火要求时,应按现行国家标准《建筑设计防火规范》GB 50016 规定的耐火等级及耐火极限要求,对钢丝绳网-聚合物砂浆面层进行防护。

5.6.60 采用本方法加固时,应采取措施卸除或大部分卸除作用在结构上的活荷载。

5.6.61 钢丝绳网-聚合物改性水泥砂浆面层加固砌体墙的设计应符合下列要求:

　　1 原砌体构件按现场检测结果推定的块体强度等级不应低于 MU7.5;砂浆强度等级不应低于 M1.0;块体表面与结构胶黏结的正拉黏结强度不应低于 1.5 MPa。

　　2 原砌体不得出现严重腐蚀、粉化。

　　3 聚合物砂浆层的厚度应大于 25 mm,钢丝绳保护层厚度不应小于 15 mm。

    4 钢丝绳网-聚合物砂浆面层可单面或双面设置，钢丝绳网应采用专用金属胀栓固定在墙上，其间距宜为 600 mm，且呈梅花状布置。

    5 钢丝绳四周应与楼板或大梁、柱或墙体可靠连接；在室（内）外地面下宜加厚并伸入地面下 500 mm。

5.6.62 对于 I 类砌体房屋，加固后，有关构件支承长度影响系数应作相应改变，有关墙体局部尺寸的影响系数可取 1.0；楼层抗震能力的增强系数，可按本规程公式（5.6.4-1）采用，其中，面层加固的基准增强系数，对黏土普通砖可按表 5.6.62-1采用；墙体刚度基准提高系数，可按表 5.6.62-2 采用。

表 5.6.62-1 **钢绞线网–聚合物砂浆面层加固的基准增强系数**

面层厚度(mm)	钢绞线网		单 面 加 固				双 面 加 固			
	直径(mm)	间距(mm)	原墙体砂浆强度等级							
			M0.4	M1.0	M2.5	M5.0	M0.4	M1.0	M2.5	M5.0
25	3.05	80	2.42	1.92	1.65	1.48	3.10	2.17	1.89	1.65
		120	2.25	1.69	1.51	1.35	2.90	1.95	1.72	1.52

表 5.6.62-2 **钢绞线网–聚合物砂浆面层加固墙体刚度的基准体提高系数**

面层厚度(mm)	单 面 加 固				双 面 加 固			
	原墙体砂浆强度等级							
	M0.4	M1.0	M2.5	M5.0	M0.4	M1.0	M2.5	M5.0
25	1.55	1.21	1.15	1.10	3.14	2.23	1.88	1.45

5.6.63 钢丝绳网-聚合物砂浆面层对砌体墙面内受剪加固的

受剪承载力应符合下列条件：

$$V \leqslant V_M + V_{rw} \tag{5.6.63-1}$$

$$V \leqslant 1.4\ V_M \tag{5.6.63-2}$$

式中　V——砌体墙面内剪力设计值；

　　V_M——原砌体受剪承载力，按现行国家标准《砌体结构设计规范》GB 50003 计算确定；

　　V_{rw}——采用钢丝绳网-聚合物砂浆面层加固后提高的受剪承载力。

5.6.64　钢丝绳网-聚合物砂浆面层加固后提高的受剪承载力 V_{rw} 应按下列规定计算：

$$V_{rw} = \alpha_{rw} f_{rw} \sum_{i=1}^{n} A_{rwi} \tag{5.6.64}$$

式中　α_{rw}——钢丝绳网参与工作系数，按表 5.6.64 采用；

　　f_{rw}——受剪加固采用的钢丝绳网抗拉强度设计值，按本规程第 5.6.56 条规定的抗拉强度设计值乘以调整系数 0.28 确定；

　　A_{rwi}——穿过计算斜截面的第 i 个水平向钢丝绳的截面面积；

　　n——穿过计算斜截面的水平向钢丝绳根数。

表 5.6.64　水平向钢丝绳参与工作系数 α_{rw}

墙体高宽比	0.4	0.6	0.8	1.0	1.2
参与工作系数 α_{rw}	0.40	0.50	0.55	0.60	0.60

5.6.65　钢丝绳网-聚合物砂浆面层对砌体结构进行抗震加固，宜采用双面加固形式增强砌体结构的整体性。

5.6.66　钢丝绳网-聚合物砂浆面层加固砌体墙的抗震受剪承

载力应按下列公式计算：

$$V \leqslant V_{\text{ME}} + \frac{V_{\text{rw}}}{\gamma_{\text{RE}}} \qquad (5.6.66\text{-}1)$$

$$V \leqslant 1.4\ V_{\text{ME}} \qquad\qquad (5.6.66\text{-}2)$$

式中　V——考虑地震组合的墙体剪力设计值；

　　　V_{ME}——原砌体抗震受剪承载力，按国家标准《砌体结构设计规范》GB 50003 计算确定；

　　　V_{rw}——采用钢丝绳网-聚合物砂浆面层加固后提高的抗震受剪承载力，按本规程 5.6.64 条计算；

　　　γ_{RE}——承载力抗震调整系数，取 γ_{RE} 为 0.9。

5.6.67　钢丝绳网的设计与制作应符合下列规定：

1　网片应采用小直径不松散的高强度钢丝绳制作；绳的直径宜在 2.5～4.5 mm 范围内；当采用航空用高强度钢丝绳时，也可使用规格为 2.4 mm 的高强度钢丝绳。

2　绳的结构形式(图 5.6.67-1)应为 6×7＋IWS 金属股芯右交互捻钢丝绳或 1×19 单股左捻钢丝绳(钢绞线)。

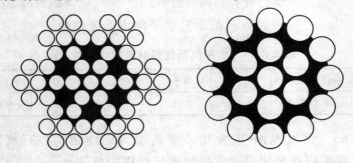

　（a）6×7＋IWS 钢丝绳　　（b）1×19 钢绞线（单股钢丝绳）

图 5.6.67-1　钢丝绳的结构形式

3 网的主绳与横向绳(即分布绳)的交点处，应采用钢材制作的绳扣束紧；主绳的端部应采用带套环的绳扣通过加固锚固；套环及其绳扣或压管的构造与尺寸应经设计计算确定。

4 网中受拉主绳的间距应经计算确定，但不应小于20 mm，也不应大于40 mm。

5 采用钢丝绳网加固墙体时，网中横向绳的布置示例如图5.6.67-2所示。

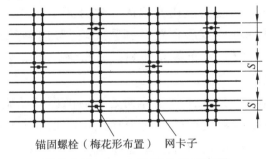

锚固螺栓（梅花形布置）　网卡子

图 5.6.67-2　水平钢丝绳网布置

5.6.68 水平钢丝绳(主绳)网在墙体端部的锚固，宜锚在预设于墙体交接处的角钢或钢板上(图 5.6.68)。角钢和钢板应按绳距预先钻孔；钢丝绳穿过孔后，套上钢套管，通过压扁套管进行锚固，也可采用其他方法进行锚固。

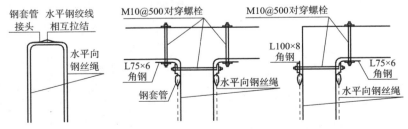

图 5.6.68　水平钢丝绳的锚固构造

5.6.69 钢丝绳网-聚合物砂浆层加固砌体的施工，应符合下列要求：

1 面层宜按下列顺序施工：原有墙面清理，放线定位，钻孔并用水冲刷，钢绞线网片锚固、绷紧、调整和固定，浇水湿润墙面，进行界面处理，抹聚合物砂浆并养护，墙面装饰。

2 墙面钻孔应位于砖块上，应采用 Φ6 钻头，钻头深度应控制在 40 ~ 45 mm。

3 钢丝绳网端头应错开锚固，错开距离不小于 50 mm。

4 钢丝绳网应双层布置并绷紧安装，竖向钢丝绳网布置在内侧，水平钢绞线网布置在外侧，分布钢丝绳应紧贴向墙面，受力钢丝绳应背离墙面。

5 聚合物砂浆抹面应在界面处理后随即开始施工，第一遍抹灰厚度以基本覆盖钢丝绳网为宜，后续抹灰应在前次抹灰初凝后进行，后续抹灰的分层厚度控制在 10 ~ 15 mm。

6 常温下，聚合物砂浆施工完毕 6 h 内，应采取可靠保湿养护措施；养护时间不少于 7 d；雨期、冬期或遇大风、高温天气时，施工应采取应对措施。

6 多层和高层钢筋混凝土房屋

6.1 一般规定

Ⅰ 抗震鉴定

6.1.1 本章适用于现浇及装配整体式钢筋混凝土框架（包括填充墙框架）、框架-抗震墙结构以及抗震墙结构的抗震鉴定与加固，其适用的最大高度和层数应符合本规程 6.2 节~6.4 节的相应条款规定。

6.1.2 Ⅰ类钢筋混凝土房屋，按本规程 6.2 节中相关条款进行抗震鉴定；Ⅱ类钢筋混凝土房屋，按本规程 6.3 节中相关条款进行抗震鉴定；Ⅲ类钢筋混凝土房屋，按本规程 6.4 节中相关条款进行抗震鉴定。

6.1.3 10 层及 10 层以上或房屋高度超过 28 m 的住宅建筑以及房屋高度大于 24 m 的其他高层民用建筑混凝土结构，除应满足本章的规定外，尚应参照现行国家标准《高层建筑混凝土结构技术规程》JGJ 3 的相关规定进行鉴定。

6.1.4 抗震鉴定时应重点检查结构体系的合理性、规则性、最大高度限值、抗震墙之间的楼屋盖的长宽比、梁柱节点的连接方式、结构构件的连接构造、短柱的分布、使用荷载大小及分布，同时应检查梁、柱、抗震墙的配筋、锚固、材料强度以及震损情况，还应检查易掉落伤人的构件、部件以及楼梯间等非结构构件的连接构造。

Ⅱ 抗震加固

6.1.5 钢筋混凝土房屋的抗震加固应符合下列要求：

1 抗震加固时可根据房屋的实际情况选择加固方案，分别采用主要提高结构构件抗震承载力、主要增强结构变形能力或改变框架结构体系的方案。

2 加固后的框架应避免形成短柱、短梁或强梁弱柱。

6.1.6 混凝土强度设计值，应按下列要求采用：

1 对新增部分的混凝土，可根据加固设计要求的强度等级，按现行国家标准《混凝土结构设计规范》GB 50010 的规定采用。

2 对原结构构件部分的混凝土，应根据实测的推定混凝土强度等级，按下列原则采用：

1） 当推定混凝土强度等级低于原设计采用的强度等级时，应根据推定的强度等级，按现行规范的规定值采用。

2） 当推定混凝土强度等级不低于原设计采用的强度等级时，一般应根据原设计的强度等级；当抽样的数据较多时，也可考虑采用推定的强度等级，按相关现行标准的规定值采用。

6.1.7 加固后的钢筋混凝土房屋抗震承载力验算，可按本规程 6.2～6.4 节的相应规定进行，并计入构造影响；构件加固后的抗震承载力应根据其加固方法按本章的规定计算。采用综合抗震能力指数验算时，加固后楼层屈服强度系数、体系影响系数和局部影响系数应根据房屋加固后的状态计算和取值。

6.2 Ⅰ类钢筋混凝土房屋抗震鉴定

6.2.1 现浇及装配整体式钢筋混凝土框架（包括填充墙框架）、框架-抗震墙结构的总层数不应超过 10 层。

6.2.2 现有钢筋混凝土房屋的抗震鉴定，应依据其设防烈度重点检查下列薄弱部位：

1 6 度时，应检查局部易掉落伤人的构件、部件以及楼梯间非结构构件的连接构造。

2 7 度时，除应按第 1 款检查外，尚应检查梁柱节点的连接方式、框架跨数及不同结构体系之间的连接构造。

3 8、9 度时，除应按第 1、2 款检查外，尚应检查梁、柱的配筋，材料强度，各构件间的连接，结构体型的规则性，短柱分布，使用荷载的大小及分布等。

6.2.3 钢筋混凝土房屋的外观和内在质量宜符合下列要求：

1 梁、柱及其节点的混凝土仅有少量微小开裂或局部剥落，钢筋无露筋、锈蚀。

2 填充墙无明显开裂或与框架脱开。

3 主体结构构件无明显变形、倾斜或歪扭。

6.2.4 现有钢筋混凝土房屋的抗震鉴定，应按结构体系的合理性、结构构件材料的实际强度、结构构件的纵向钢筋和横向箍筋的配置和构件连接的可靠性、填充墙等与主体结构的拉结构造以及构件抗震承载力的综合分析，对整幢房屋的抗震能力进行鉴定。

当梁柱节点构造和框架跨数不符合规定时，应评为不满足抗震鉴定要求；当仅有出入口、人流通道处的填充墙不符合规定时，应评为局部不满足抗震鉴定要求。

6.2.5 Ⅰ类钢筋混凝土房屋应进行综合抗震能力两级鉴定。当符合第一级鉴定的各项规定时，除9度外应允许不进行抗震验算而评为满足抗震鉴定要求；不符合第一级鉴定要求和9度时，除有明确规定的情况外，应在第二级鉴定中采用屈服强度系数和综合抗震能力指数的方法做出判断。

Ⅰ 第一级鉴定

6.2.6 现有Ⅰ类钢筋混凝土房屋的结构体系应符合下列规定：

1 框架结构宜为双向框架，装配式框架宜有整浇节点，8、9度时不应为铰接节点，当不符合本条要求时应采取加固措施。

2 框架结构不宜为单跨框架；乙类设防时，不应为单跨框架结构，且8、9度时按梁柱的实际配筋、柱轴向力计算的框架柱的弯矩增大系数宜大于1.1。

3 8、9度时，现有结构体系宜按下列规则性的规定检查：

1）平面局部突出部分的长度不宜大于宽度，且不宜大于该方向总长度的30%；

2）立面局部缩进的尺寸不宜大于该方向水平总尺寸的25%；

3）楼层刚度不宜小于其相邻上层刚度的70%，且连续3层总的刚度降低不宜大于50%；

4）无砌体结构相连，且平面内的抗侧力构件及质量分布宜基本均匀对称。

4 钢筋混凝土抗震墙或抗侧力砖填充墙之间无大洞口的楼屋盖的长宽比不宜超过表 6.2.6-1 的规定,超过时应考虑楼盖平面内变形的影响。

表 6.2.6-1 抗震墙之间楼屋盖的最大长宽比

楼屋盖类型	8 度	9 度
现浇、叠合梁板	3.0	2.0
装配式楼盖	2.5	1.0

5 8 度时,厚度不小于 240 mm、砌筑砂浆强度等级不低于 M2.5 的抗侧力黏土砖填充墙,其平均间距不应大于表 6.2.6-2 规定的限值。

表 6.2.6-2 抗侧力砖填充墙平均间距的限值

总层数	3	4	5	6
间距（m）	17	14	12	11

6 填充墙、构造柱、墙梁、过梁的设置应避免使框架柱形成短柱。

6.2.7 梁、柱、抗震墙实际达到的混凝土强度等级,6、7 度时不宜低于 C13,8、9 度时不应低于 C18。

6.2.8 6 度和 7 度 I、II 类场地时,框架结构应按下列规定检查:

1 框架梁柱的纵向钢筋和横向箍筋的配置应符合非抗震设计的要求,其中,梁纵向钢筋在柱内的锚固长度,HPB235 级钢不宜小于纵向钢筋直径的 25 倍,HRB335 级钢筋不宜小于纵向钢筋直径的 30 倍，混凝土强度等级为 C13 时，锚固长度应相应增加纵向钢筋直径的 5 倍。

2 6 度乙类设防时，框架的中柱和边柱纵向钢筋的总配筋率不应少于 0.5%，角柱不应少于 0.7%，加密区箍筋最大间距不宜大于 8 倍纵向钢筋直径且不大于 150 mm，最小直径不宜小于 6 mm。

6.2.9 7 度Ⅲ、Ⅳ类场地和 8、9 度，梁、柱、墙的构造尚应符合下列规定：

1 框架柱截面宽度不宜小于 300 mm，8 度Ⅲ、Ⅳ类场地和 9 度时不宜小于 400 mm；9 度时，柱的轴压比不应大于 0.8。

2 框架角柱纵向钢筋的总配筋率，8 度时不宜小于 0.8%，9 度时不宜小于 1.0%；其他各柱纵向钢筋的总配筋率，8 度时不宜小于 0.6%，9 度时不宜小于 0.8%。

3 梁、柱的箍筋应符合下列规定：

1）梁的两端，在梁高各一倍范围内的箍筋间距，8 度时不应大于 200 mm，9 度时不应大于 150 mm。

2）在柱的上、下端，柱净高各 1/6 的范围内，丙类设防时，7 度Ⅲ、Ⅳ类场地和 8 度时，箍筋直径不应小于 6 mm，间距不应大于 200 mm；9 度时，箍筋直径不应小于 8 mm，间距不应大于 150 mm；乙类设防时，框架柱箍筋加密区的箍筋最大间距和最小直径，宜按当地设防烈度和表 6.2.9 的规定检查。

表 6.2.9 乙类设防时框架柱箍筋加密区的箍筋最大间距和最小直径

烈度和场地	7 度(0.10g)~7 度(0.15g)Ⅰ、Ⅱ类场地	7 度(0.15g)Ⅲ、Ⅳ场地~8 度(0.30g)Ⅰ、Ⅱ类场地	8 度(0.30g)Ⅲ、Ⅳ类场地和 9 度
箍筋最大间距(取较小值)	8d, 150 mm	8d, 100 mm	6d, 100 mm
箍筋最小直径	8 mm	8 mm	10 mm

注：d 为纵向钢筋直径。

3）净高与截面高度之比不大于 4 的柱，包括因嵌砌黏土砖填充墙形成的短柱，沿柱全高范围内的箍筋直径不应小于 8 mm，箍筋间距，8 度时不应大于 150 mm，9 度时不应大于 100 mm。

4 8、9 度时，框架-抗震墙结构的墙板配筋与构造应按下列规定检查：

1）抗震墙的周边宜与框架梁、柱形成整体或有加强的边框；

2）墙板的厚度不宜小于 140 mm，且不宜小于墙板净高的 1/30，墙板中竖向及横向钢筋的配筋率均不应小于 0.15%；

3）墙板与楼板应有可靠连接，应能可靠地传递地震作用。

6.2.10 框架结构利用山墙承重时，山墙应有钢筋混凝土壁柱与框架梁可靠连接；当不符合本条要求时，8、9 度应进行加固处理。

6.2.11 砖砌体填充墙、隔墙与主体结构的连接应符合下列规定：

1 考虑填充墙抗侧力作用时，填充墙的厚度，6~8 度时不应小于 180 mm，9 度时不应小于 240 mm；砂浆强度等级，

6～8 度时不应低于 M2.5，9 度时不应低于 M5；填充墙应嵌砌于框架平面内。

2 填充墙沿柱高每隔 600 mm 左右应有 2φ6 拉筋伸入墙内，8、9 度时伸入墙内的长度不宜小于墙长的 1/5 且不小700 mm；当墙高大于 5 m 时，墙内宜有连系梁与柱连接；对于长度大于 6 m 的黏土砖墙或长度大于 5 m 的空心砖墙，8、9 度时墙顶与梁应有连接。

3 房屋的内隔墙应与两端的墙或柱有可靠连接；当隔墙长度大于 6 m，8、9 度时墙顶尚应与梁板连接。

6.2.12 钢筋混凝土房屋符合第 6.2.6 条～第 6.2.11 条各项规定时，可评为综合抗震能力满足要求；当不满足第一级鉴定要求时，应由第二级鉴定作出判断。当遇下列情况之一时，可不再进行第二级鉴定，但应评为综合抗震能力不满足抗震要求，且对房屋采取加固或其他相应措施：

1 梁柱节点构造不符合要求的框架及乙类的单跨框架结构。

2 8、9 度时混凝土强度等级低于 C13。

3 与框架结构相连的承重砌体结构不符合要求。

4 仅有女儿墙、门脸、楼梯间填充墙等非结构构件不符合本规程的有关要求。

5 第 6.2.6 条～第 6.2.11 条的规定有多项明显不符合要求。

Ⅱ 第二级鉴定

6.2.13 Ⅰ类钢筋混凝土房屋，可采用平面结构的楼层综合抗震能力指数进行第二级鉴定。也可按现行国家标准《建筑抗震设计规范》GB 50011 的方法进行抗震计算分析，按本规程第

3.1.8 条的规定进行构件抗震承载力验算，计算时构件组合内力设计值不作调整，尚应按本节的规定估算构造的影响，由综合评定进行第二级鉴定。

6.2.14 Ⅰ类钢筋混凝土房屋，应分别采用下列平面结构的楼层综合抗震能力指数进行第二级鉴定：

1 一般情况下，应至少在两个主轴方向分别选取有代表性的平面结构。

2 框架结构与承重砌体结构相连时，除应符合本条第 1 款的规定外，尚应选取连接处的平面结构。

3 有明显扭转效应时，除应符合本条第 1 款的规定外，尚应选取计入扭转影响的边榀结构。

6.2.15 楼层综合抗震能力指数的计算应符合下列规定：

1 楼层综合抗震能力指数可按下列公式计算：

$$\beta = \psi_1 \psi_2 \xi_y \qquad (6.2.15-1)$$

$$\xi_y = v_y / v_e \qquad (6.2.15-2)$$

式中　β——平面结构楼层综合抗震能力指数；

　　　ψ_1——体系影响系数，可按本条的第 2 款确定；

　　　ψ_2——局部影响系数，可按本条的第 3 款确定；

　　　ξ_y——楼层屈服强度系数；

　　　v_y——楼层现有受剪承载力，可按本规程附录 C 计算；

　　　v_e——楼层的弹性地震剪力，可按本条的第 4 款确定。

2 Ⅰ类钢筋混凝土房屋的体系影响系数 ψ_1 可根据结构体系、梁柱箍筋、轴压比等符合第一级鉴定要求的程度和部位，按下列情况确定：

1）当上述各项构造均符合本规程第 6.4 节Ⅲ类钢筋混凝土房屋的规定时，可取 1.4；

2）当各项构造均符合本规程第 6.3 节Ⅱ类钢筋混凝土房屋的规定时，可取 1.25；

3）当各项构造均符合本节第一级鉴定的规定时，可取 1.0；

4）当各项构造均符合非抗震设计规定时，可取 0.8；

5）当结构受损伤或发生倾斜而已修复纠正，上述数值尚宜乘以 0.8 ~ 1.0。

3 局部影响系数 ψ_2 可根据局部构造不符合第一级鉴定要求的程度，采用下列三项系数选定后的最小值：

1）与承重砌体结构相连的框架，取 0.8 ~ 0.95；

2）填充墙等与框架的连接不符合第一级鉴定要求，取 0.7 ~ 0.95；

3）抗震墙之间楼、屋盖长宽比超过表 6.1.7-1 的规定值，可按超过的程度，取 0.6 ~ 0.9。

4 楼层的弹性地震剪力，对规则结构可采用底部剪力法计算，地震作用按本规程 3.1.8 条的规定计算，地震作用分项系数取 1.0；对考虑扭转影响的边榀结构，可按现行国家标准《建筑抗震设计规范》GB 50011 规定的方法计算。当场地处于本规程第 4.1.2 条规定的不利地段时，地震作用尚应乘以增大系数 1.1 ~ 1.6。

6.2.16 符合下列规定之一的多层钢筋混凝土房屋，可评定为满足抗震鉴定要求；当不符合时应要求采取加固或其他相应措施：

1 楼层综合抗震能力指数不小于 1.0 的结构。

2 按本规程第 3.1.8 条规定进行抗震承载力验算并计入构造影响满足要求的其他结构。

6.3 Ⅱ类钢筋混凝土房屋抗震鉴定

6.3.1 现有钢筋混凝土房屋的最大高度应不超过表 6.3.1 的限制,对不规则结构、有框支层抗震墙结构或Ⅳ类场地上的结构,最大高度应适当降低。

表 6.3.1　房屋最大高度 (m)

结构类型	烈度			
	6	7	8	9
框架结构	同非抗震设　　计	55	45	25
框架-抗震墙结构		120	100	50
抗震墙结构		120	100	60

注:房屋高度指室外地面到檐口的高度;超过表内高度的房屋,应进行专门的鉴定。

6.3.2 8 度且房屋高度超过 80 米时,不宜采用有框支层的现浇抗震墙结构。9 度时,不应采用。

6.3.3 钢筋混凝土房屋应根据烈度、结构类型和房屋高度采用不同的抗震等级,并应符合相应的计算和构造措施要求。结构抗震等级的划分,应符合表 6.3.3 的规定;框架－抗震墙结构中,当抗震墙部分承受的结构底部地震弯矩小于结构底部总地震弯矩的 50%时,其框架部分的抗震等级应按框架结构划分。

表 6.3.3 现浇钢筋混凝土结构的抗震等级

结构类型		烈度								
		6		7		8			9	
框架结构	房屋高度（m）	≤25	>25	≤35	>35	≤35	>35		≤25	
	框架	四	三	三	二	二	一		一	
框架-抗震墙结构	房屋高度（m）	≤50	>50	≤60	>60	<50	50~80	>80	≤25	>25
	框架	四	三	三	二	二	一	一	二	二
	抗震墙	三		二		二	一		二	
抗震墙结构	房屋高度（m）	≤60	>60	≤80	>80	<35	35~80	>80	≤25	>25
	一般抗震墙	四	三	三	二	二	一		二	一
	有框支层的落地抗震墙底部加强部位	三	二	二	一	二	不宜采用		不应采用	
	框支层框架	三	二	二	一	二				

6.3.4 结构体系宜符合下列规则性要求：

1 房屋平面局部突出部分的长度不宜大于其宽度，且不宜大于该方向总长度的 30%。

2 房屋立面局部收进的尺寸，不宜大于该方向总尺寸的 25%。

3 楼层刚度不小于其相邻上层刚度的 70%，且连续 3 层总的刚度降低不超过 50%。

4 房屋平面内质量分布和抗侧力构件的布置应基本均匀对称。

5 当上述 1~4 款不满足时，应按现行国家标准《建筑抗震设计规范》GB 50011 第 3.4.3 条进行抗震验算。

6.3.5 框架结构和框架-抗震墙结构中，框架或抗震墙均宜符合双向设置的要求。框架结构不宜为单跨框架，乙类设防时不应为单跨框架。

6.3.6 采用装配式楼屋盖时，应有保证楼屋盖的整体性及其与抗震墙的可靠连接的措施。

6.3.7 框架单独基础有下列情况之一时，宜沿两主轴方向设置基础系梁：

   1 一、二级的框架。

   2 各柱基承受的重力荷载代表值差别较大。

   3 基础埋置较深，或各基础埋置深度差别较大。

   4 地基主要受力层范围内存在软弱黏性土层，液化土层和严重不均匀土层。

6.3.8 混凝土的强度等级，抗震等级为一级的框架梁、柱和节点不宜低于C30，构造柱、芯柱、圈梁和扩展基础不宜低于C15，其他各类构件不应低于C20。

6.3.9 梁截面几何尺寸，应符合下列要求：

   截面宽度不宜小于200 mm；截面高宽比不宜大于4；净跨与截面高度之比不宜小于4。

6.3.10 梁的钢筋配置，应符合下列各项要求：

   1 梁端混凝土受压区高度和有效高度之比，一级不应大于0.25，二、三级不应大于0.35。

   2 梁端截面的底面和顶面纵向钢筋配筋量的比值，除按计算确定外，一级不应小于0.5，二、三级不应小于0.3。

   3 梁顶面和底面的通长钢筋，一、二级不应小于少于2ϕ14，且分别不应少于梁端顶面和底面纵向钢筋中较大截面面积的 1/4，三、四级不应少于 2Φ12。

6.3.11 梁端加密区的箍筋配置，应符合下列要求：

    1 加密区的长度，箍筋最大间距和最小直径应按表 6.3.11 采用，当梁端纵向受拉钢筋配筋率大于 2% 时，表中箍筋最小直径数值应增大 2 mm。

    2 加密区箍筋肢距，一、二级不宜大于 200 mm，三、四级不宜大于 250 mm，梁宽不小于 350 mm 且纵向钢筋每排多于 4 根时，每隔一根宜用箍筋或拉筋固定。

表 6.3.11　加密区的长度，箍筋最大间距和最小直径

抗震等级	加密区长度（采用较大值，mm）	箍筋最大间距（采用最小值，mm）	箍筋最小直径（mm）
一	$2h_b$，500	$h_b/4$，$6d$，100	10
二	$1.5h_b$，500	$h_b/4$，$8d$，100	8
三	$1.5h_b$，500	$h_b/4$，$8d$，150	8
四	$1.5h_b$，500	$h_b/4$，$8d$，150	8

    注：d 为纵向钢筋直径，h_b 为梁高。

6.3.12 柱截面几何尺寸，应符合下列要求：

    截面宽度不宜小于 300 mm，净高与截面高度（圆柱直径）之比不宜小于 4。

6.3.13 柱轴压比不宜超过表 6.3.13 的规定，变形能力要求较高和Ⅳ类场地上较高的高层建筑的柱轴压比限值应适当减小。

表 6.3.13 柱轴压比限值

类 别	抗 震 等 级		
	一	二	三
框 架 柱	0.7	0.8	0.9
框 支 柱	0.6	0.7	0.8

注:轴压比指柱组合轴压力设计值与柱的全截面面积和混凝土抗压
强度设计值乘积之比值,对可不进行抗震验算的结构,可取非
抗震设计的轴压力设计值计算。

6.3.14 柱纵向钢筋的最小总配筋率应符合表 6.3.14 的要求,
对Ⅳ类场地上较高的高层建筑,表中的数值应增加 0.1。

表 6.3.14 柱纵向钢筋的最小总配筋率(百分率)

类 别	抗 震 等 级			
	一	二	三	四
框架中柱和边柱	0.8	0.7	0.6	0.5
框架角柱,框支柱	1.0	0.9	0.8	0.7

6.3.15 柱的箍筋加密范围,应满足下列规定:

1 柱端,为截面高度(圆柱直径)、柱净高的 1/6 和 500 mm
三者的最大值。

2 底层柱,取刚性地面上下各 500 mm。

3 柱净高与柱截面高度之比小于 4 的柱(包括因嵌砌填

充墙等形成的短柱），为全高。

4 框支柱，为全高。

5 一级框架的角柱，为全高。

6.3.16 柱加密区的箍筋间距和直径，应符合下列要求：

1 箍筋的最大间距和最小直径，应符合表 6.3.16 的要求。

2 三级框架柱中，截面尺寸不大于 400 mm 时，箍筋最小直径可采用 6 mm。

3 角柱、框支柱和净高与截面高度之比小于 4 的柱，箍筋间距不应大于 100 mm。

表 6.3.16　柱加密区的箍筋最大间距和最小直径

抗震等级	箍筋最大间距（采用较小值）（mm）	箍筋最小直径（mm）
一	6d,100	10
二	8d,100	8
三	8d,150	8
四	8d,150	6

6.3.17 柱加密区箍筋的体积配箍率，宜符合下列要求：

1 箍筋的最小体积配箍率，宜符合表 6.3.17 的要求。

2 混凝土强度等级高于 C40，或Ⅳ类场地上较高的高层建筑，柱箍筋的最小体积配箍率宜满足表 6.3.17 中上限值的要求。

3 当框架为一、二级时，净高与柱截面高度（圆柱直径）之比小于 4 的柱的体积配箍率，不宜小于 1.0%。

表 6.3.17 柱的加密区的箍筋最小体积配箍率（百分率）

抗震等级	箍筋形式	柱 轴 压 比		
		<0.4	0.4~0.6	>0.6
一	普通箍、复合箍	0.8	1.2	1.6
	螺旋箍	0.8	1.0	1.2
二	普通箍、复合箍	0.6~0.8	0.8~1.2	1.2~1.6
	螺旋箍	0.6	0.8~1.0	1.0~1.2
三	普通箍、复合箍	0.4~0.6	0.6~0.8	0.8~1.2
	螺旋箍	0.4	0.6	0.8

注：计算箍筋体积配箍率时，不计重叠部分的箍筋体积。

6.3.18 柱加密区箍筋肢距一级不宜大于 200 mm，二级不宜大于 250 mm，三、四级不宜大于 300 mm，且每隔一根纵向钢筋宜在两个方向有箍筋约束。

6.3.19 柱非加密区的箍筋量不宜小于加密区的 50%，且箍筋间距，一、二级不应大于 10 倍纵向钢筋直径，三级不应大于 15 倍纵向钢筋直径。

6.3.20 抗震墙截面几何尺寸，应符合下列要求：

两端有翼墙或端柱的抗震墙厚度，一级不应小于 160 mm，且不应小于层高的 1/20，二、三级不应小于 140 mm，且不应小于层高的 1/25。

框架-抗震墙结构，抗震墙厚度不应小于 160 mm，且不应小于层高的 1/20，在墙板周边应设置梁（或暗梁）和端柱组成的边框。

6.3.21 在抗震墙结构中的抗震墙设置，房屋底部有框支层时，框支层的刚度不应小于相邻上层刚度的 50%，落地抗震墙的间距不宜大于 24 m。

6.3.22 抗震墙竖向、横向分布钢筋的配筋，均应符合表 6.3.22 的要求；Ⅳ类场地上三级的较高的高层建筑，其一般部位的分布钢筋最小配筋率不应小于 0.2%。

表 6.3.22 抗震墙分布钢筋配筋要求

抗震等级	最小配筋率（百分率）		最大间距（mm）	最小直径（mm）
	一般部位	加强部位		
一	0.25	0.25		
二	0.20	0.25	300	8
三、四	0.15	0.2		

6.3.23 框架-抗震墙结构中，抗震墙中竖向和横向分布钢筋，配筋率均不应小于 0.25%，并应双排布置，拉筋间距不应大于 600 mm。

6.3.24 抗震墙之间的楼、屋盖的长宽比，不宜超过表 6.3.24 的规定。超过时，应考虑楼盖平面内变形的影响。

表 6.3.24 抗震墙之间楼、屋盖的长宽比

楼屋盖类别	烈　　度			
	6 度	7 度	8 度	9 度
现浇、叠合梁板	4.0	4.0	3.0	2.0
装配式楼板	3.0	3.0	2.5	不宜采用
框支层现浇梁板	2.5	2.5	2.0	不宜采用

6.3.25 框架-抗震墙结构中的抗震墙，应符合下列要求：

1 抗震墙宜贯通房屋全高，且横向与纵向抗震墙宜相连。

2 抗震墙不宜开大洞口；抗震墙开洞面积不宜大于墙面面积的 1/6，洞口宜上下对齐，洞口梁高不宜小于层高的 1/5。

3 房屋较长时，纵向抗震墙不宜设置在端开间。

6.3.26 房屋顶层，楼梯间和抗侧力电梯间的抗震墙，端开间的纵向抗震墙和端山墙及单肢墙，小开洞墙和联肢墙的底部（墙肢总高度的 1/8 和墙肢宽度的较大值，有框支层时尚不小于到框支层上一层的高度），应符合有关加强部位的要求。

6.3.27 框架-抗震墙结构中的抗震墙基础和框支层的落地抗震墙基础，应该有良好的整体性和抗转动的能力。

6.3.28 一、二级抗震墙各墙肢应设置翼墙、端柱或暗柱等边缘构件，暗柱的截面范围为 1.5~2 倍的抗震墙厚度，翼墙的截面范围为暗柱及其两侧各不超过 2 倍翼墙厚度。

6.3.29 抗震墙的竖向和横向分布钢筋，一级的所有部位和二级的加强部位，应采用双排布置；二级的一般部位和三、四级的加强部位，宜采用双排布置；双排分布钢筋间拉筋的间距不应大于 700 mm，且直径不应小于 6 mm，对底部加强部位，拉筋间距尚应适当加密。

6.3.30 抗震墙边缘构件的配筋，应符合表 6.3.30 的要求：

表 6.3.30　抗震墙边缘构件的配筋要求

抗震等级	底部加强部位			其他部位		
	纵向钢筋最小值（采用较大值）	箍筋或拉筋		纵向钢筋最小值（采用较大值）	箍筋或拉筋	
		最小直径（mm）	最大间距（mm）		最小直径（mm）	最大间距（mm）
一	$0.015A_c$	8	100	$0.012A_c$	8	150
二	$0.012A_c$	8	150	$0.01A_c$ $4\phi12$	8	200
三	$0.005A_c$ $2\phi14$	6	150	$0.005A_c$ $2\phi14$	6	200
四	$2\phi12$	6	150	$2\phi12$	6	200

注：A_c 为边缘构件的截面面积；ϕ 表示钢筋直径。

6.3.31 顶层连梁的纵向钢筋锚固长度范围内，应设置箍筋。

6.3.32 钢筋接头和锚固除应符合国家现行标准《混凝土结构工程施工质量及验收规范》的要求之外，尚应符合下列要求：

1 箍筋末端应做 135°弯钩，弯钩的平直部分不应小于箍筋直径的 10 倍。

2 框架梁、柱和抗震墙边缘构件中的纵向钢筋接头，一级的各部位和二级的底层柱底和抗震墙底部加强部位应采用焊接；二级的其他部位及三级的底层柱底和抗震墙底部加强部位宜采用焊接，其他情况可采用绑扎接头，钢筋搭接长度范围内的箍筋间距不应大于 100 mm。

3 框架梁、柱和抗震墙连梁中的纵向钢筋的锚固长度，一、二级时应比非抗震设计的最小锚固长度相应增加 10 倍、5 倍纵向钢筋直径。

4 抗震墙的分布钢筋接头，一、二级底部加强部位的竖筋，当直径大于 22 mm 时宜采用焊接；其他情况可采用绑扎接头，但加强部位应每隔一根错开搭接位置。

5 柱纵向钢筋的总配筋率超过 3%时，箍筋应采用焊接。

6.3.33 砌体填充墙应符合下列要求：

1 考虑砖填充墙的抗侧力作用时，砖填充墙应嵌砌在框架平面内并与梁柱紧密结合，墙厚不应小于 240 mm，砂浆强度等级不应低于 M5.0，宜先砌墙后浇筑框架；其他各类砌体填充墙，宜与框架柱柔性连接，但墙顶应与框架紧密结合。

2 砌体填充墙框架应沿框架柱高每隔 500~600 mm 配置 2φ6 拉筋，拉筋伸入填充墙内长度，一、二级框架宜沿墙全长设置，三、四级框架不应小于墙长的 1/5 且不应小于 700 mm。

3 墙长度大于 5 m 时，墙顶部与梁宜有拉结措施，墙高度超过 4 m 时，宜在墙高中部设置与柱连接的通长钢筋混凝土水平系梁。

6.3.34 现有Ⅱ类钢筋混凝土房屋，应根据现行国家标准《建筑抗震设计规范》GB 50011 的方法进行抗震分析，按本规程第 3.1.8 条的规定进行构件承载力验算，并考虑震损程度的影响；乙类建筑中构件尚应进行变形验算；当抗震构造措施不满足本节各条款的要求时，可按本规程第 6.2 节的方法计入构造的影响进行综合评价。

构件截面抗震验算时，按照附录 A 选用材料性能指标，组合内力设计值的调整应符合本规程附录 E 的规定，截面抗震验算应符合本规程附录 F 的规定。

6.3.35 Ⅱ类钢筋混凝土房屋其抗震鉴定结论按如下原则确定：

1 符合本规程第 6.3.1 条~第 6.1.34 条的相关规定时，房屋的抗震能力评为满足抗震鉴定要求。

2 符合本规程第 6.3.1 条~第 6.3.23 条和第 6.3.34 条的相关规定，第 6.3.24 条~第 6.3.33 条中有少量条（款）规定不符合时，房屋的抗震能力评为基本满足抗震鉴定要求，对不符合的构件应进行抗震加固。

3 不符合本规程第 6.3.1 条~第 6.3.23 条和第 6.3.34 条中任一条（款）规定，或第 6.3.24 条~第 6.3.33 条中有多数条（款）规定不符合时，房屋的抗震能力评为不满足抗震鉴定要求，应进行抗震加固。

6.4 Ⅲ类钢筋混凝土房屋抗震鉴定

6.4.1 现有钢筋混凝土房屋的最大高度应不超过表 6.4.1 的限值，对不规则结构、有框支层抗震墙结构或Ⅳ类场地上的结构，房屋的最大高度应适当降低。

表 6.4.1　钢筋混凝土房屋适用的最大高度（m）

结构类型	烈　度				
	6 度	7 度	8 度（0.2g）	8 度（0.3g）	9 度
框架	60	55	45	35	25
框架-抗震墙	130	120	100	80	50
抗震墙	140	120	100	80	60
部分框支抗震墙	120	100	80	50	不应采用

注：1　房屋高度指室外地面到主要屋面板板顶的高度（不包括局部突出屋顶部分）；

2　部分框支抗震墙结构指首层或底部两层框支抗震墙结构，不包括仅个别框支墙的情况；

3　乙类建筑可按本地区抗震设防烈度确定其适用的最大高度；

4　表中框架，不包括异形柱框架；

5　超过表内高度的房屋，应进行专门研究和鉴定。

6.4.2 钢筋混凝土房屋应根据设防类别、烈度、结构类型和房屋高度采用不同的抗震等级，并应符合相应的计算和构造措施要求。丙类建筑的抗震等级应按表 6.4.2 确定。

表 6.4.2　钢筋混凝土房屋的抗震等级

结构类型		设　防　烈　度						
		6 度		7 度		8 度		9 度
框架结构	高度（m）	≤30	>30	≤30	>30	≤30	>30	≤25
	框架	四	三	三	二	二	一	一
	大跨度框架	三		二		一		一
框架-抗震墙结构	高度（m）	≤60	>60	≤60	>60	≤60	>60	≤50
	框架	四	三	三	二	二	一	一
	抗震墙	三		二		一		一
抗震墙结构	高度（m）	≤80	>80	≤80	>80	≤80	>80	≤60
	抗震墙	四	三	三	二	二	一	一
部分框支抗震墙结构	抗震墙	三		二		一		不应采用	不应采用
	框支层框架	二		二		一			

注：1　建筑场地为 I 类时，除 6 度外可按表内降低一度所对应的抗震构造措施采取抗震构造措施，但相应的计算要求不应降低；

　　2　接近或等于高度分界时，可以结合房屋不规则程度及场地、地基条件确定抗震等级；

　　3　大跨度框架指跨度不小于 18 m 的框架；

　　4　部分框支抗震墙结构中，抗震墙加强部位以上的一般部位，应允许按抗震墙结构确定其抗震等级。

6.4.3 钢筋混凝土房屋抗震等级的确定，尚应符合下列要求：

1 设置少量抗震墙的框架结构，在规定的水平力作用下，底层框架部分承受的地震倾覆力矩大于结构总地震倾覆力矩的 50%时，其框架部分的抗震等级应按框架结构确定，抗震墙的抗震等级与其框架的抗震等级相同。

注：底层指计算嵌固端所在的层。

2 裙房与主楼相连，除应按裙房本身确定抗震等级外，相关范围不应低于主楼的抗震等级；主楼结构在裙房顶层及相邻上下各一层应有适当的加强抗震构造措施。裙房与主楼分离时，应按裙房本身确定抗震等级。

3 当地下室顶板作为上部结构的嵌固部位时，地下一层相关范围的抗震等级应与上部结构相同，地下一层以下的抗震等级可根据具体情况采用三级或更低等级。地下室中无上部结构的部分，可根据具体情况采用三级或更低等级。

4 抗震设防类别为甲、乙、丁类的建筑，应按本规程第1.0.11 条的规定和表 6.4.2 确定抗震等级；其中 8 度乙类建筑高度超过表 6.4.1 规定的范围时，应有经专门研究采取的比一级更有效的抗震措施。

6.4.4 建筑形体及其构件布置的规则性应符合现行国家标准《建筑抗震设计规范》GB 50011 中第 3.4 节的要求。

6.4.5 框架结构和框架-抗震墙结构中，框架和抗震墙均应双向设置。甲、乙类建筑以及高度大于 24 m 的丙类建筑，不应采用单跨框架结构；高度不大于 24 m 的丙类建筑不宜采用单跨框架结构。

6.4.6 采用装配式楼屋盖时，应有保证楼屋盖的整体性及其与抗震墙的可靠连接的措施。装配式楼屋盖采用配筋现浇面层加强时，厚度不宜小于 50 mm。

6.4.7 框架单独柱基有下列情况之一时，宜符合沿两个主轴方向设置基础系梁的要求：

1 一级框架和Ⅳ类场地的二级框架。

2 各柱基承受的重力荷载代表值差别较大。

3 基础埋置较深，或各基础埋置深度差别较大。

4 地基主要受力层范围内存在软弱黏性土层、液化土层或严重不均匀土层。

5 桩基承台之间。

6.4.8 混凝土的强度等级，框支梁、框支柱及抗震等级为一级的框架梁、柱、节点核芯区，不应低于 C30；构造柱、芯柱、圈梁及其他各类构件不应低于 C20。

6.4.9 梁的截面尺寸，应符合下列要求：

截面宽度不宜小于 200 mm；截面高宽比不宜大于 4；净跨与截面高度之比不宜小于 4。

6.4.10 梁的钢筋配置，应符合下列各项要求：

1 梁端混凝土受压区高度和有效高度之比，一级不应大于 0.25，二、三级不应大于 0.35。

2 梁端截面的底面和顶面纵向钢筋配筋量的比值，除按计算确定外，一级不应小于 0.5，二、三级不应小于 0.3。

3 沿梁全长顶面和底面的配筋，一、二级不应少于 2φ14且分别不应少于梁两端顶面和底面纵向配筋中较大截面面积的 1/4，三、四级不应少于 2Φ12。

6.4.11 梁的箍筋配置，应符合下列各项要求：

1 梁端箍筋加密区的长度、箍筋最大间距和最小直径应符合表 6.4.11 要求，当梁端纵向受拉钢筋配筋率大于 2%时，表中箍筋最小直径数值应增大 2 mm。

表 6.4.11　梁端箍筋加密区的长度、箍筋最大间距和最小直径

抗震等级	加密区长度（采用较大值）（mm）	箍筋最大间距（采用最小值）（mm）	箍筋最小直径（mm）
一	$2h_b$，500	$h_b/4$，$6d$，100	10
二	$1.5h_b$，500	$h_b/4$，$8d$，100	8
三	$1.5h_b$，500	$h_b/4$，$8d$，150	8
四	$1.5h_b$，500	$h_b/4$，$8d$，150	6

注：1　d 为纵向钢筋直径，h_b 为梁截面高度；

　　2　箍筋直径大于 12 mm、数量不少于 4 肢且肢距不大于 150 mm 时，一、二级的最大间距应允许适当放宽，但不得大于 150 mm。

2 梁端加密区的箍筋肢距，一级不宜大于 200 mm 和 20 倍箍筋直径的较大值，二、三级不宜大于 250 mm 和 20 倍箍筋直径的较大值，四级不宜大于 300 mm。

6.4.12 框架柱的截面尺寸应符合下列要求：

1 截面的宽度和高度均不宜小于 300 mm；圆柱直径不宜小于 350 mm。

2 剪跨比宜大于 2。

3 截面长边与短边的边长比不宜大于 3。

6.4.13 柱轴压比不宜超过表 6.4.13 的规定;建造于Ⅳ类场地且较高的高层建筑,柱轴压比限值应适当减小。

表 6.4.13 柱轴压比限值

结构类型	抗震等级		
	一	二	三
框架结构	0.7	0.8	0.9
框架-抗震墙,板柱-抗震墙及筒体	0.75	0.85	0.95
部分框支抗震墙	0.6	0.7	—

注:1 轴压比指柱组合的轴压力设计值与柱的全截面面积和混凝土轴心抗压强度设计值乘积之比值;可不进行地震作用计算的结构取无地震作用组合的轴力设计值。

2 表内限值适用于剪跨比大于 2、混凝土强度等级不高于 C60 的柱;剪跨比不大于 2 的柱轴压比限值应降低 0.05;剪跨比小于 1.5 的柱,轴压比限值应专门研究并采取特殊构造措施。

3 沿柱全高采用井字复合箍且箍筋肢距不大于 200 mm、间距不大于 100 mm、直径不小于 12 mm,或沿柱全高采用复合螺旋箍、螺旋间距不大于 100 mm、箍筋肢距不大于 200 mm、直径不小于 12 mm,或沿柱全高采用连续复合矩形螺旋箍、螺旋净距不大于 80 mm、箍筋肢距不大于 200 mm、直径不小于 10 mm,轴压比限值均可增加 0.10;上述三种箍筋的配箍特征值均应按增大的轴压比由本节表 6.3.12 确定。

4 在柱的截面中部附加芯柱,其中另加的纵向钢筋的总面积不少于柱截面面积的 0.8%,轴压比限值可增加 0.05;此项措施与注 3 的措施共同采用时,轴压比限值可增加 0.15,但箍筋的配箍特征值仍可按抽压比增加 0.10 的要求确定。

5 柱轴压比不应大于 1.05。

6.4.14 柱纵向钢筋的最小总配筋率应按表 6.4.14 采用，同时每一侧配筋率不应小于 0.2%；对建造于Ⅳ类场地且较高的高层建筑，表中的数值应增加 0.1。

表 6.4.14 柱截面纵向钢筋的最小总配筋率（百分率）

类别	抗 震 等 级			
	一	二	三	四
中柱和边柱	1.0	0.8	0.7	0.6
角柱、框支柱	1.2	1.0	0.9	0.8

注：采用 HRB400 级热轧钢筋时应允许减少 0.1，混凝土强度等级高于 C60 时应增加 0.1。

6.4.15 柱的箍筋加密范围，应符合下列要求：

1 柱端取截面高度（圆柱直径）、柱净高的 1/6 和 500 mm 三者的最大值。

2 底层柱柱根不小于柱净高的 1/3；当有刚性地面时，除柱端外尚应取刚性地面上下各 500 mm。

3 剪跨比不大于 2 的柱和因设置填充墙等形成的柱净高与柱截面高度之比不大于 4 的柱，为全高。

4 框支柱，为全高。

5 一级及二级框架的角柱，为全高。

6.4.16 柱加密区的箍筋间距和直径，应符合下列要求：

1 箍筋的最大间距和最小直径，应符合表 6.4.16 的要求。

表 6.4.16　柱箍筋加密区的箍筋最大间距和最小直径

抗震等级	箍筋最大间距（采用较小值，mm）	箍筋最小直径（mm）
一	6d，100	10
二	8d，100	8
三	8d，150（柱根 100）	8
四	8d，150（柱根 100）	6（柱根 8）

注：d 为柱纵筋最小直径；柱根指框架底层柱嵌固部位。

2　二级框架柱的箍筋直径不小于 10 mm 且箍筋肢距不大于 200 mm 时，除柱根外最大间距应允许采用 150 mm；三级框架柱的截面尺寸不大于 400 mm 时，箍筋最小直径应允许采用 6 mm；四级框架柱剪跨比不大于 2 时，箍筋直径不应小于 8 mm。

3　框支柱和剪跨比不大于 2 的柱，箍筋间距不应大于 100 mm。

6.4.17　柱箍筋加密区的体积配箍率，应符合下列要求：

$$\rho_v \geqslant \lambda_v f_c / f_{yv} \qquad (6.4.17)$$

式中　ρ_v——柱箍筋加密区的体积配箍率，一级不应小于 0.8%，二级不应小于 0.6%，三、四级不应小于 0.4%；计算复合箍的体积配箍率时，应扣除重叠部分的箍筋体积；

f_c——混凝土轴心抗压强度设计值；强度等级低于 C35 时，应按 C35 计算；

f_{yv}——箍筋或拉筋抗拉强度设计值，超过 360 N/mm^2 时，应取 360 N/mm^2 计算。

λ_v——最小配箍特征值，宜按表 6.4.17 采用。

表 6.4.17 柱箍筋加密区的箍筋最小配筋特征值

抗震等级	箍筋形式	柱轴压比								
		≤0.3	0.4	0.5	0.6	0.7	0.8	0.9	1.0	1.05
一	普通箍、复合箍	0.10	0.11	0.13	0.15	0.17	0.20	0.23	—	—
	螺旋箍、复合或连续复合矩形矩形螺旋箍	0.08	0.09	0.11	0.13	0.15	0.18	0.21	—	—
二	普通箍、复合箍	0.08	0.09	0.11	0.13	0.15	0.17	0.19	0.22	0.24
	螺旋箍、复合或连续复合矩形矩形螺旋箍	0.06	0.07	0.09	0.11	0.13	0.15	0.17	0.20	0.22
三	普通箍、复合箍	0.06	0.07	0.09	0.11	0.13	0.15	0.17	0.20	0.22
	螺旋箍、复合或连续复合矩形螺旋箍	0.05	0.06	0.07	0.09	0.11	0.13	0.15	0.18	0.20

注：1 普通箍指单个矩形箍和单个圆形箍；复合箍指由矩形、多边形、圆形箍或拉筋组成的箍筋；复合螺旋箍指由螺旋箍与矩形、多边形、圆形箍或拉筋组成的箍筋；连续复合矩形螺旋箍指全部螺旋箍为同一根钢筋加工而成的箍筋。

2 框支柱宜采用复合螺旋箍或井字复合箍，其最小配箍特征值应比表内数值增加 0.02，且体积配箍率不应小于 1.5%。

3 剪跨比不大于 2 的柱宜采用复合螺旋箍或井字复合箍，其体积配箍率不应小于 1.2%，9 度时不应小于 1.5%。

6.4.18 柱箍筋加密区箍筋肢距，一级不宜大于 200 mm，

二、三级不宜大于 250 mm 和 20 倍箍筋直径的较大值，四级不宜大于 300 mm。至少每隔一根纵向钢筋宜在两个方向有箍筋或拉筋约束。采用拉筋复合箍时拉筋宜紧靠纵向钢筋并钩住箍筋。

6.4.19 柱箍筋非加密区的体积配箍率不宜小于加密区的50%；箍筋间距一、二级框架柱不应大于 10 倍纵向钢筋直径，三、四级框架柱不应大于 15 倍纵向钢筋直径。

6.4.20 抗震墙截面几何尺寸，应符合下列要求：

抗震墙结构，抗震墙的厚度，一、二级不应小于 160 mm 且不宜小于层高或无支长度的 1/20，三、四级不应小于 140 mm 且不宜小于层高或无支长度的 1/25。无端柱或翼墙时，一、二级不宜小于层高或无支长度的 1/16，三、四级不宜小于层高或无支长度的 1/20。

底部加强部位的墙厚，一、二级不应小于 200 mm 且不宜小于层高或无支长度的 1/16，三、四级不应小于 160 mm 且不宜小于层高或无支长度的 1/20；无端柱或翼墙时不应小于层高的 1/12。无端柱或翼墙时，一、二级不宜小于层高或无支长度的 1/12，三、四级不宜小于层高或无支长度的 1/16。

框架-抗震墙结构，抗震墙的厚度不应小于 160 mm 且不宜小于层高或无支长度的 1/20，底部加强部位的抗震墙厚度不应小于 200 mm 且不宜小于层高或无支长度的 1/16。

6.4.21 矩形平面的部分框支抗震墙结构，其框支层的楼层侧向刚度不应小于相邻非框支层楼层侧向刚度的 50%，框支层落地抗震墙间距不宜大于 24 m。

6.4.22 抗震墙竖向、横向分布钢筋，应符合下列要求：

1 一、二、三级抗震墙的竖向和横向分布钢筋最小配筋率均不应小于 0.25%；四级抗震墙不应小于 0.20%；钢筋最大间距不应大于 300 mm，最小直径不应小于 8 mm。

注：高度小于 24 m 且剪压比很小的四级抗震墙，其竖向分布钢筋的最小配筋率应允许按 0.15% 采用。

2 部分框支抗震墙结构的落地抗震墙底部加强部位，竖向和横向分布钢筋配筋率均不应小于 0.3%，钢筋间距不应大于 200 mm。

6.4.23 框架-抗震墙结构中，抗震墙的竖向和横向分布钢筋，配筋率均不应小于 0.25%，并应双排布置，拉筋间距不应大于 600 mm，直径不应小于 6 mm。

6.4.24 一级和二级抗震墙，底部加强部位在重力荷载代表值作用下墙肢的轴压比，一级（9 度）时不宜超过 0.4，一级（8 度）时不宜超过 0.5，二级不宜超过 0.6。

6.4.25 框架-抗震墙和板柱-抗震墙结构中，抗震墙之间无大洞口的楼、屋盖的长宽比，不宜超过表 6.4.25 的规定，超过时，应考虑楼盖平面内变形的影响。

表 6.4.25 抗震墙之间楼、屋盖的长宽比

楼、屋盖类别	烈 度			
	6 度	7 度	8 度	9 度
现浇、叠合梁板	4.0	4.0	3.0	2.0
装配式楼盖	3.0	3.0	2.5	不宜采用
框支层和板柱-抗震墙的现浇梁板	2.5	2.5	2.0	不宜采用

6.4.26 框架-抗震墙结构中的抗震墙设置宜符合下列要求：

130

1 抗震墙宜贯通房屋全高,且横向与纵向的抗震墙宜相连。

2 抗震墙宜设置在墙面不需要开大洞口的位置。

3 房屋较长时,刚度较大的纵向抗震墙不宜设置在房屋的端开间。

4 抗震墙洞口宜上下对齐,洞边距端柱不宜小于 300 mm;

5 一、二级抗震墙的洞口连梁,跨高比不宜大于 5,且梁截面高度不宜小于 400 mm。

6.4.27 抗震墙结构和部分框支抗震墙结构中的抗震墙设置应符合下列要求:

1 较长的抗震墙宜开设洞口将一道抗震墙分成长度较均匀的若干墙段,洞口连梁的跨高比宜大于 6,各墙段的高宽比不应小于 2。

2 墙肢的长度沿结构全高不宜有突变,抗震墙有较大洞口时以及一、二级抗震墙的底部加强部位,洞口宜上下对齐。

6.4.28 房屋顶层,楼梯间和抗侧力电梯间的抗震墙,端开间的纵向抗震墙和端山墙及单肢墙,小开洞墙和联肢墙的底部(部分框支抗震墙结构的抗震墙,其底部加强部位的高度可取框支层加框支层以上 2 层的高度及落地抗震墙总高度的 1/8 二者的较大值,且不大于 15 m。其他结构的抗震墙,其底部加强部位的高度可取墙肢总高度的 1/8 和底部 2 层二者的较大值且不大于 15 m),应符合有关加强部位的要求。

6.4.29 框架-抗震墙结构中的抗震墙基础和框支层的落地抗震墙基础,应有良好的整体性和抗转动的能力。

6.4.30 抗震墙两端和洞口两侧的边缘构件,其设置及配筋构造应符合现行抗震设计规范的要求。

6.4.31 抗震墙厚度大于 140 mm 时，竖向和横向分布钢筋应双排布置；双排分布钢筋拉筋的间距不应大于 600 mm，直径不应小于 6 mm；在底部加强部位，边缘构件以外的拉筋间距应适当加密。

6.4.32 顶层连梁的纵向钢筋锚固长度范围内，应设置箍筋。

6.4.33 钢筋接头和锚固除应符合国家现行标准《混凝土结构工程施工质量验收规范》的要求之外，尚应符合下列要求：

1 箍筋末端应做 135°弯钩，弯钩的平直部分不应小于箍筋直径的 10 倍；

2 框架梁、柱和抗震墙边缘构件中的纵向钢筋接头，一级的各部位和二级的底层柱底和抗震墙底部加强部位应采用焊接；二级的其他部位及三级的底层柱底和抗震墙底部加强部位宜采用焊接，其他情况可采用绑扎接头，钢筋搭接长度范围内的箍筋间距不应大于 100 mm；

3 框架梁、柱和抗震墙连梁中的纵向钢筋的锚固长度，一、二级时应比非抗震设计的最小锚固长度相应增加 10 倍、5 倍纵向钢筋直径；

4 抗震墙的分布钢筋接头，一、二级底部加强部位的竖筋，当直径大于 22 mm 时宜采用焊接，其他情况可采用绑扎接头，但加强部位应每隔一根错开搭接位置；

5 柱纵向钢筋的总配筋率超过 3%时，箍筋应采用焊接。

6.4.34 填充墙应按下列要求检查：

1 填充墙在平面和竖向的布置，宜均匀对称，宜避免形成薄弱层或短柱。

2 砌体的砂浆强度等级不应低于 M5,墙顶应与框架梁密切结合。

3 填充墙应沿框架柱全高每隔 500 mm 设 2φ6 拉筋伸入墙内的长度、6、7 度时不应小于墙长的 1/5 且不小于 700 mm,8、9 度时宜沿墙全长贯通。

4 墙长大于 5 m 时,墙顶与梁宜有拉结;墙长超过层高 2 倍时宜设置钢筋混凝土构造柱;墙高超过 4 m 时,墙体半高宜设置与柱连接且沿墙全长贯通的钢筋混凝土水平系梁。

6.4.35 现有Ⅲ类钢筋混凝土房屋,应根据现行国家标准《建筑抗震设计规范》GB 50011 的方法进行抗震分析,按本规程第 3.1.8 条的规定进行构件承载力验算,并考虑震损程度的影响;乙类建筑中构件尚应进行变形验算;当抗震构造措施不满足本节各条款的要求时,可按本规程第 6.2 节的方法计入构造的影响进行综合评价。

构件截面抗震验算时,按照附录 A 选用材料性能指标,组合内力设计值的调整应符合本规程附录 E 的规定,截面抗震验算应符合本规程附录 F 的规定。

6.4.36 Ⅲ类钢筋混凝土房屋抗震鉴定抗震鉴定结论按如下原则确定:

1 符合本规程第 6.4.1 条 ~ 第 6.4.35 条的相关规定时,房屋的抗震能力评为满足抗震鉴定要求。

2 符合本规程第 6.4.1 条 ~ 第 6.4.24 条和第 6.4.35 条的相关规定,第 6.4.25 条 ~ 第 6.4.34 条中有少量规定不符合时,房屋的抗震能力评为基本满足抗震鉴定要求，对不符合的构件进行抗震加固。

3 不符合本规程第 6.4.1 条~第 6.4.24 条和第 6.4.35 条中任一条（款）规定，或第 6.4.25 条~第 6.4.34 条中有多数规定不符合时，房屋的抗震能力评为不满足抗震鉴定要求，应对建筑结构进行抗震加固。

6.5 抗震加固方法

6.5.1 钢筋混凝土房屋的结构体系和抗震承载力不满足要求时，可根据不同情况选择加固方法：

1 单跨框架不符合鉴定要求时，应在不大于框架-抗震墙结构的抗震墙最大间距且不大于 24 m 的间距内增设抗震墙、翼墙、抗震支撑等抗侧力构件或将对应轴线的单跨框架改为多跨框架。

2 房屋刚度较弱、明显不均匀或有明显的扭转效应时，可增设钢筋混凝土抗震墙或翼墙加固，也可设置支撑加固。

3 由于设防类别或设防烈度的提高，导致钢筋混凝土结构的抗震承载力及抗震措施不满足鉴定要求时，可以采用隔震加固或消能减震加固。

4 钢筋混凝土抗震墙配筋不符合鉴定要求时，可加厚原有墙体或增设端柱、墙体等。

5 框架梁柱配筋不符合鉴定要求时，可采用钢构套、现浇钢筋混凝土套或粘贴钢板、碳纤维布、钢绞线网-聚合物砂浆面层等加固。

6 框架柱轴压比不符合鉴定要求时，可采用现浇钢筋混凝土套等加固。

7 当框架梁柱实际受弯承载力的关系不符合鉴定要求时，可采用钢构套、现浇钢筋混凝土套或粘贴钢板等加固框架柱；也可通过罕遇地震下的弹塑性变形验算确定对策。

8 当楼梯构件不符合鉴定要求时，可粘贴钢板、碳纤维布、钢绞线网-聚合物砂浆面层等加固。

9 当砌体填充墙体与框架柱连接不符合鉴定要求时，可增设拉筋连接；当填充墙体与框架梁连接不符合鉴定要求时，可在墙顶增设钢夹套等与梁拉结；楼梯间的填充墙不符合鉴定要求，可采用钢筋网砂浆面层加固。

6.5.2 女儿墙等易倒塌部位不符合鉴定要求时，可按本规程第5.5.3条的有关规定选择加固方法。

6.6 抗震加固设计及施工

Ⅰ 增设钢筋混凝土抗震墙或翼墙加固法

6.6.1 增设钢筋混凝土抗震墙或翼墙加固房屋时，应符合下列规定：

1 抗震墙宜设置在框架的轴线位置，翼墙宜在柱两侧对称布置。

2 抗震墙或翼墙墙体的材料和构造应符合下列要求：

1）混凝土强度等级不应低于C20，且不应低于原框架柱的实际混凝土强度等级。

2）墙厚不宜小于 140 mm；竖向和横向分布钢筋的最小配筋率，均不应小于 0.20%；竖向和横向分布钢筋宜双排布置，且两排钢筋之间的拉结筋间距不应大于 600 mm；墙体周边宜设置边缘构件；对于Ⅱ、Ⅲ类钢筋混凝土房屋，其墙厚和配筋应符合其抗震等级的相应要求。

3）墙与原有框架可采用锚筋或现浇钢筋混凝土套（图6.6.1）连接；锚筋可采用 φ10 或 φ12 的钢筋，与梁柱边的距离不应小于 30 mm，与梁柱轴线的间距不应大于 300 mm。钢筋的一端应采用高强胶黏剂锚入梁柱的钻孔内，且锚固深度不应小于锚筋直径的 10 倍，另一端宜与墙体的分布钢筋焊接；现浇钢筋混凝土套与柱的连接应符合本规程的有关规定，且厚度不宜小于 50 mm。

3　增设抗震墙后应按框架-抗震墙结构进行抗震分析，增设的混凝土和钢筋的强度均应乘以规定的折减系数。加固后抗震墙之间楼、屋盖长宽比的局部影响系数应作相应改变。

4　增设翼墙后，翼墙与柱形成的构件可按整体偏心受压构件计算；新增钢筋、混凝土的强度折减系数不宜大于 0.85；当新增的混凝土强度等级比原框架柱高一个等级时，可直接按原强度等级计算而不再计入混凝土强度的折减系数。

5　抗震墙或翼墙的施工应符合下列要求：

1）原有的梁柱表面应凿毛，浇筑混凝土前应清洗并保持湿润，浇筑后应加强养护。

2）锚筋应除锈，锚孔应采用钻孔成形，不得用手凿，孔内应采用压缩空气吹净并用水冲洗，注胶应饱满并使锚筋固定牢靠。

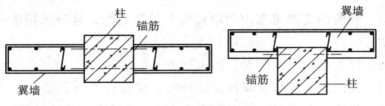

（a）锚筋连接

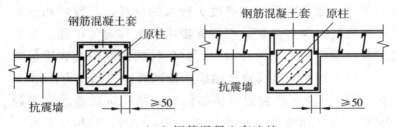

（b）钢筋混凝土套连接

图 6.6.1 增设墙与原框架柱的连接

注：图中尺寸单位为 mm。

Ⅱ 增设支撑加固法

6.6.2 采用钢支撑加固框架结构时，应符合下列规定：

1 支撑的布置应有利于减少结构沿平面或竖向的不规则性；支撑的间距不应超过框架-抗震墙结构中墙体最大间距的规定。

2 支撑的形式可选择交叉形或人字形，支撑的水平夹角宜在 35°～55°之间，不宜大于 55°。

3 支撑杆件的长细比和板件的宽厚比，应依据设防烈度的不同，按现行国家标准《建筑抗震设计规范》GB 50011 对钢结构设计的有关规定采用。

4 支撑可采用钢箍套与原有钢筋混凝土构件可靠连接，并应采取措施将支撑的地震内力可靠地传递到基础。

5 新增钢支撑可采用两端铰接的计算简图，且只承担地震作用。

6 钢支撑应采取防腐、防火措施。

6.6.3 采用消能支撑加固框架结构时，应符合下列要求：

1 消能支撑可根据需要沿结构的两个主轴方向分别设置，消能支撑宜设置在变形（或速度）较大的位置，其数量和分布应通过综合分析合理确定，消能支撑沿高度宜均匀布置，避免刚度突变，平面上宜均匀分散布置，使结构刚度中心和质量中心重合，形成有利于提高整个结构消能减震能力的受力体系。

2 采用消能支撑加固框架结构时，结构抗震验算应符合现行国家标准《建筑抗震设计规范》GB 50011 的相关要求；其中，对Ⅰ、Ⅱ类钢筋混凝土结构，原构件的材料强度设计值和抗震承载力，应按本规程 6.2～6.4 节的有关规定采用。

3 消能支撑与主体结构之间的连接部件，在消能支撑最大出力作用下，应在弹性范围内工作，并满足构件极限承载力要求，避免整体或局部失稳。

4 消能支撑与主体结构的连接，应符合普通支撑构件与主体结构的连接构造和锚固要求。

5 消能支撑在安装前应按规定进行性能检测，检测的数量应符合相关标准的要求。

Ⅲ　隔震加固法

6.6.4 采用隔震和消能减震加固结构时，结构构件应满足竖向承载力要求，当不满足时应先进行构件竖向承载力加固。

6.6.5 采用隔震加固框架结构的设计，应符合下列规定：

1 框架结构的高宽比宜小于 4，高宽比大于 4 的框架结构采用隔震加固时，应进行专门研究。

2 建筑场地宜为 Ⅰ 、Ⅱ 、Ⅲ 类，基础类型应为稳定性较好的基础。

3 在全面了解建筑物现状、原有设计图纸、现场调查场地及建筑物抗震情况的基础上，确定隔震层的位置，并采取有效措施保证隔震层上部楼面的水平刚度。

4 隔震支座在隔震层的布置宜均匀分布，使结构的刚度中心与质量中心重合，形成合理规则的抗震结构体系。

5 采用隔震技术加固框架结构时，结构抗震计算和验算应符合现行国家标准《建筑抗震设计规范》GB 50011 的相关要求；其中，原构件的材料强度设计值和抗震承载力，应按本规程 6.2 ~ 6.4 节的有关规定采用。

6 隔震结构基础设计应满足当地设防烈度抗震验算，且基础埋深应考虑隔震层开挖的影响。

7 隔震支墩设计时应考虑隔震支座预埋钢筋长度，隔震支墩的纵筋应与原结构形成可靠连接。

6.6.6 采用隔震加固框架结构的施工，应符合下列要求：

1 施工中应采取可靠措施保证施工期间结构安全，避免建筑物因不均匀沉降或偶然水平作用而受到破坏，并宜考虑提升施工所需的空间和工作面。

2 加固时应采取有效措施保证隔震部件与原主体结构之间的连接质量。

3 原结构的设备管线应满足隔震层的位移和变形，宜采用柔性连接或球型接点，并考虑安放装置及检修的空间。

4 加固后，应在隔震缝周围设置明显标志。

5 隔震部件在安装前应按规定进行性能检测，检测的数量应符合相关标准的要求。

Ⅳ 钢构套加固法

6.6.7 采用钢构套加固框架时，应符合下列要求：

1 钢构套加固梁时，应在梁的阳角外贴角钢（图6.6.7-1a），角钢应与钢缀板焊接，钢缀板应穿过楼板形成封闭环形；纵向角钢、扁钢两端应与柱有可靠连接。

2 钢构套加固柱时，应在柱四角外贴角钢（图6.6.7-1b），角钢应与外围的钢缀板焊接；应采取措施使楼板上下的角钢、扁钢可靠连接（角钢到楼板处应凿洞穿过上下焊接）；顶层的角钢、扁钢应与屋面板可靠连接；底层的角钢、扁钢应与基础锚固。

3 钢构套的构造应符合下列规定：

1）角钢不宜小于∟50×6；钢缀板截面不宜小于40mm×4mm，其间距不应大于单肢角钢的截面最小回转半径的40倍，且不应大于400mm；构件两端应适当加密。

2）外包型钢应有可靠的连接和锚固（图6.6.7-2）。对柱的加固，角钢下端应根据柱脚弯矩大小伸到基础顶面或锚固于基础，中间穿过各层楼板，上端伸至加固层的上层楼板底面或屋顶板底面；对梁的加固，梁角钢应与柱角钢相互焊接，或用扁钢带绕柱外包焊接；对桁架，角钢应伸过该杆件两端的节点，或设置节点板将角钢焊于节点板上。

3）钢构套与梁柱混凝土之间应采用胶黏剂黏结。

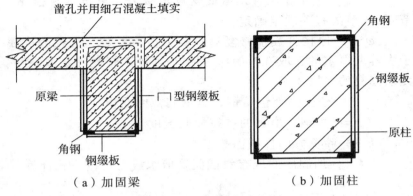

（a）加固梁　　　　　　　　　　　　（b）加固柱

图 6.6.7-1　钢构套加固

4　加固后按楼层综合抗震能力指数验算时，梁柱箍筋构造的体系影响系数可取 1.0；构件按组合截面进行抗震验算，加固梁的钢材强度宜乘以折减系数 0.8；梁柱的抗震验算应符合下列要求：

1）梁、柱截面抗震验算时，角钢、扁钢应作为纵向钢筋，钢缀板应作为箍筋进行计算，其材料强度应乘以规定的折减系数。

2）柱加固后的初始刚度可按下式计算：

$$K = K_0 + 0.5E_aI_a \qquad (6.6.7-1)$$

式中　K ——加固后的初始刚度；

　　　　K_0 ——原柱截面的弯曲刚度；

　　　　E_a ——角钢的弹性模量；

　　　　I_a ——外包角钢对柱截面形心的惯性矩。

3）柱加固后的现有正截面受弯承载力可按下式计算：

$$M_y = \varphi_f M_{y0} + 0.7A_a f_{ay}h \qquad (6.6.7-2)$$

式中　M_y——柱加固后的现有正截面受弯承载力。

M_{y0}——原柱现有正截面受弯承载力，可按本规程 6.2 节 ~ 6.4 节的有关规定确定。

φ_f——原构件震损修复后承载力折减系数，震损程度属于中等或严重的，取 0.7~0.9；震损程度属于轻微和基本完好、无须修复的，取 1.0。

A_a——柱一侧外包角钢、扁钢的截面面积。

f_{ay}——角钢、扁钢的抗拉屈服强度。

h——验算方向柱截面高度。

4）柱加固后的现有斜截面受剪承载力可按下式计算：

$$V_y = \varphi_f V_{y0} + 0.7 f_{ay} \frac{A_s}{s} h \qquad （6.6.7-3）$$

式中　V_y——柱加固后的现有斜截面受剪承载力；

V_{y0}——原柱现有斜截面受剪承载力，可按本规程 6.2 节 ~ 6.4 节的有关规定确定；

A_s——同一柱截面内扁钢缀板的截面面积；

f_{ay}——扁钢抗拉屈服强度；

s——扁钢缀板的间距。

5　钢构套的施工应符合下列规定：

1）加固前应卸除或大部分卸除作用在梁上的活荷载。

2）原有的梁柱表面应清洗干净，缺陷应修补，角部应磨出小圆角，圆化半径不应小于 7 mm。

3）楼板凿洞时，应避免损伤原有钢筋。

4）构架的角钢宜粘贴于原构件，并应采用夹具在两个方向夹紧，缀板应待粘结料凝固后分段焊接；注胶应在构架焊接完成后进行，胶缝厚度宜控制在 3 ~ 5 mm。

5）钢材表面应涂刷防锈漆，或在构架外围抹 25 mm 厚的 1：3 水泥砂浆保护层，也可采用其他具有防腐蚀和防火性能的饰面材料加以保护。

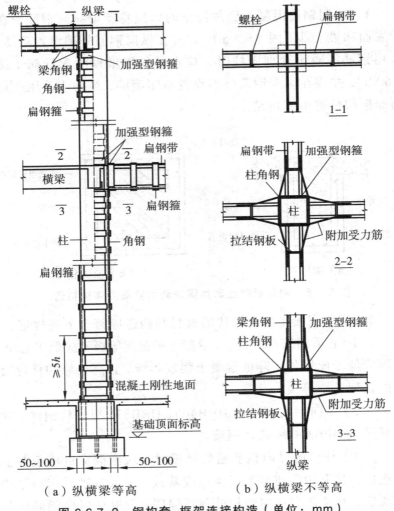

（a）纵横梁等高　　　　（b）纵横梁不等高

图 6.6.7-2　钢构套-框架连接构造（单位：mm）

V 钢筋混凝土套加固法

6.6.8 当采用钢筋混凝土套加固梁、柱时，应符合下列规定：

1 采用钢筋混凝土套加固梁时，应将新增纵向钢筋设在梁底面和梁上部（图6.6.8a），并应在纵向钢筋外围设置箍筋。采用钢筋混凝土套加固柱时，应在柱周围增设纵向钢筋（图6.6.8b），并应在纵向钢筋外围设置封闭箍筋，纵筋应采用锚筋与原框架柱有可靠拉结。

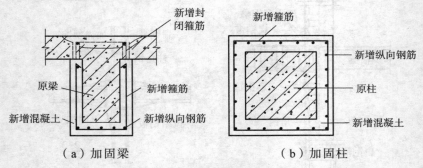

（a）加固梁　　　　　　　（b）加固柱

图6.6.8　钢筋混凝土套加固法新增箍筋的连接构造

2 钢筋混凝土套加固法的材料和构造应符合下列规定：

1）宜采用细石混凝土，混凝土的强度等级不应低于C20，且不应低于原构件实际的混凝土强度等级，宜高于原构件混凝土的强度一个等级。

2）纵向钢筋宜采用HRB400、HRB335级热轧钢筋，箍筋可采用HPB300级热轧钢筋。

3）柱套的纵向钢筋遇到楼板时，应凿洞穿过楼板并上下连接，其下端应伸至下层楼板或基础，伸入基础时应满足锚固要求，其顶部应在屋面板处封顶锚固；梁套的纵向钢筋应与柱可靠连接。

4）Ⅰ类钢筋混凝土结构，箍筋直径不宜小于 8 mm，间距不宜大于 200 mm，Ⅱ、Ⅲ类钢筋混凝土结构，应符合其抗震等级的相关要求；靠近梁柱节点处应适当加密；柱套的箍筋应封闭，梁套的箍筋应有一半穿过楼板后弯折封闭。

3　加固后的梁柱可作为整体构件按整体截面进行抗震验算，其现有承载力可按本规程 6.2~6.4 节规定的方法确定。其中，新增钢筋、混凝土的强度折减系数不宜大于 0.85；当新增的混凝土强度等级比原框架柱高一个等级时，可直接按原强度等级计算而不再计入混凝土强度的折减系数。对Ⅰ类钢筋混凝土结构，按楼层综合抗震能力指数验算时，梁柱箍筋、轴压比等的体系影响系数可取 1.0。

4　钢筋混凝土套加固法的构造，尚应符合下列规定：

1）新增混凝土的最小厚度，加固板时不应小于 40 mm，加固梁、柱，采用人工浇筑时不应小于 60 mm，采用喷射混凝土施工时不应小于 50 mm。

2）加固板的受力钢筋，应采用热轧钢筋，钢筋直径不应小于 8 mm；加固梁、柱的纵向受力钢筋宜用变形钢筋，钢筋最小直径对于梁不应小于 12 mm，对于柱不应小于 14 mm，最大直径不宜大于 25 mm；加锚式箍筋直径不应小于 8 mm，U 型箍筋直径应与原有箍筋直径相同；分布筋直径不应小于 6 mm。

3）加固用的受力钢筋与原构件的受力钢筋间的净间距不应小于 20 mm，并应采用短筋或箍筋与原钢筋焊接连接；箍筋应采用封闭箍筋或 U 形箍筋，并按照现行国家标准《混凝土结构设计规范》GB 50010 对箍筋的构造要求进行设置。

6.6.9 钢筋混凝土套的施工应符合下列规定：

1 加固混凝土结构的施工过程，应遵循下列工序和原则：

1）加固前应卸除或大部分卸除作用在梁上的活荷载。

2）应对原构件混凝土存在的缺陷清理至密实部位，并将表面凿毛或打成沟槽，沟槽深度不宜小于 6 mm，间距不宜大于箍筋间距或 200 mm，被包的混凝土棱角应打掉，同时应除掉浮渣、尘土；楼板凿洞时，应避免损伤原有钢筋。

3）原有混凝土表面应冲洗干净并保持湿润，浇筑混凝土前，原混凝土表面以水泥浆或其他界面剂进行处理。

2 对原有和新增受力钢筋应进行除锈处理；在受力钢筋上施焊前应采取卸荷或支撑措施，并应逐根分区段进行焊接。

3 新加混凝土的施工，宜优先使用喷射混凝土浇筑工艺，其喷射方法、技术条件和质量应符合现行中国工程建设标准化协会标准《喷射混凝土加固技术规程》（CECS 161）第 6.2.11条第 2）款的要求。浇筑混凝土前，原构件混凝土的界面应按设计文件的要求涂刷结构界面胶（剂），界面胶（剂）的涂刷方法及质量要求应符合该产品使用说明书及施工图说明的规定。当采用常规方法浇筑混凝土时，模板搭设、钢筋安置以及新混凝土的浇筑养护，应符合现行国家标准《混凝土结构工程施工质量验收规范》GB 50204 的要求。

Ⅵ 粘贴钢板加固法

6.6.10 采用粘贴钢板加固梁柱时，应符合下列规定：

1 原构件的混凝土实际强度等级不应低于 C15；混凝土

表面的受拉黏结强度不应低于 1.5 MPa。粘贴钢板应采用粘结强度高且耐久的胶黏剂；钢板可采用 Q235 或 Q345 钢，厚度宜为 2 ~ 5 mm。

2 钢板的受力方式应设计成仅承受轴向应力作用。钢板在需要加固的范围以外的锚固长度，受拉时不应小于钢板厚度的 200 倍，且不应小于 600 mm；受压时不应小于钢板厚度的 150 倍，且不应小于 500 mm。

3 粘贴钢板与原构件尚宜采用专用金属胀栓连接。

4 被加固构件长期使用的环境和防火要求，应符合国家现行有关标准的规定。

5 粘贴钢板加固时，应卸除或大部分卸除作用在梁上的活荷载，其施工应符合专门的规定。

6. 6. 11 粘贴钢板加固钢筋混凝土结构的胶黏剂的材料性能、加固的构造和承载力验算，可按现行国家标准《混凝土结构加固设计规范》GB 50367 的有关规定执行，其中，对构件承载力的新增部分，其加固承载力抗震调整系数宜采用 1.0，原构件的材料强度设计值和抗震承载力，应按本规程 6.2 节 ~ 6.4 节的有关规定采用。

Ⅶ 粘贴纤维布加固法

6. 6. 12 采用粘贴纤维布加固梁柱时，应符合下列规定：

1 在受弯加固和受剪加固时，被加固混凝土结构和构件的实际混凝土强度等级不应低于 C15，且混凝土表面的正拉粘结强度不应低于 1.5 MPa；采用封闭粘贴纤维布加固混凝土柱时，混凝土强度等级不应低于 C10。

2 本方法不适用于素混凝土构件（包括纵向受力钢筋配筋率低于现行国家标准《混凝土结构设计规范》GB 50010 规定的最小配筋率的构件）的加固。

3 碳纤维的受力方式应设计成仅承受拉应力作用。当提高梁的受弯承载力时，碳纤维布应设在梁顶面或底面受拉区，纤维方向与加固处的受拉方向一致；当提高梁的受剪承载力时，碳纤维布应采用 U 形箍加纵向压条或封闭箍的方式，纤维方向宜与构件轴向垂直；当提高柱受剪承载力时，碳纤维布宜沿环向螺旋粘贴并封闭，纤维方向与柱轴向垂直。

4 碳纤维布沿纤维受力方向的搭接长度不应小于 100 mm；当采用多条或多层碳纤维布加固时，各条或各层碳纤维布的搭接位置宜相互错开；当碳纤维布沿其纤维方向需绕构件转角粘贴时，构件转角处外表面的曲率半径不应小于 20 mm；当矩形截面采用封闭环箍时，至少缠绕 3 圈且搭接长度应超过 200 mm；粘贴纤维布在需要加固的范围以外的锚固长度，受拉时不应小于 600 mm。

5 为保证碳纤维片材可靠地与混凝土共同工作，必要时应采取附加锚固措施，可按现行国家标准《混凝土结构加固设计规范》GB 50367 及现行中国工程建设标准化协会标准《碳纤维片材加固混凝土结构技术规程》CECS 146 的有关规定执行。

6 被加固构件长期使用的环境和防火要求，应符合国家现行有关标准的规定。被加固构件长期使用的环境温度不应高于 60 ℃；当其处于特殊环境（如高温、高湿、介质侵蚀、放射等）时，除应按国家现行有关标准的规定采取相应的防护措施外，尚应采用耐环境因素作用的胶黏剂，并按专门的工艺要求进行施工；当其表面有防火要求时，应按现行国家标准《建筑设计防火规范》GB 50016 规定的耐火等级及耐火极限要求对纤维布进行防护。

6.6.13 纤维布和胶黏剂的材料性能、加固的构造和承载力验算，可按现行国家标准《混凝土结构加固设计规范》GB 50367 及现行中国工程建设标准化协会标准《碳纤维片材加固混凝土结构技术规程》CECS 146 的有关规定执行，其中，对构件承载力的新增部分，其加固承载力抗震调整系数宜采用 1.0，原构件的材料强度设计值和抗震承载力，应按本规程 6.2 节 ~ 6.4 节的有关规定采用。

6.6.14 钢筋混凝土构件因延性不足而进行抗震加固时，可采用环向粘贴纤维复合材构成的环向围束作为附加箍筋，以提高构件箍筋的体积配筋率，增加构件的延性。

6.6.15 当采用环向围束作为附加箍筋时（图 6.6.15），应按下列公式计算柱箍筋加密区加固后的箍筋体积配筋率 ρ_v，且应满足现行国家标准《混凝土结构设计规范》GB 50010 规定的要求。

$$\rho_v = \rho_{v,e} + \rho_{v,f} \qquad (6.6.15\text{-}1)$$

$$\rho_{v,f} = k_c \rho_f \frac{b_f f_f}{s_f f_{yv0}} \qquad (6.6.15\text{-}2)$$

对圆形截面

$$\rho_f = 4 n_f t_f / D \qquad (6.6.15\text{-}3)$$

对正方形和矩形截面

$$\rho_f = 2n_f t_f (b+h)/A_{cor}$$
（6.6.15-4）

式中　　$\rho_{v,e}$——按箍筋范围内的核心截面进计算的体积配筋率。

　　　　$\rho_{v,f}$——环向围束作为附加箍筋算得的箍筋体积配筋率的增量。

　　　　ρ_f——环向围束体积比。

　　　　A_{cor}——环向围束内混凝土面积。

　　　　k_c——环向围束的有效约束系数，圆形截面，k_c=0.90；正方形截面，k_c=0.66；矩形截面，k_c=0.42；当轴压比不小于0.5，且加固时未卸载，k_c均取 0.36。

　　　　b_f——环向围束纤维条带的宽度。

　　　　s_f——环向围束纤维条带的中心间距。

　　　　f_f——环向围束纤维复合材的抗拉强度设计值。

　　　　f_{yv0}——原箍筋抗拉强度设计值。

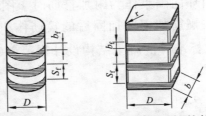

图 6.6.15　采用环向围束作为附加箍筋对柱箍筋加密区加固

6.6.16　粘贴纤维布加固法的施工应符合下列要求：

　　1　粘贴纤维布加固时，应卸除或大部分卸除作用在梁上的活荷载，其施工应符合专门的规定。

　　2　施工现场的环境温度必须符合黏结材料的使用温度以

保证粘贴质量，如果不能满足，必须采取措施使其满足要求后再进行粘贴。当环境湿度不超过 70%时，可以不考虑环境湿度对树脂固化的不利影响。如采用适当于潮湿环境的黏结材料，可不受此限制。

3 对于较大的孔洞、凹陷等应采用修复材料修复平整。修复材料一般采用聚合物砂浆，且与原混凝土黏结良好。

4 涂刷底层树脂、找平处理及粘贴纤维布等施工工序及施工进度应按现行国家标准《混凝土结构加固设计规范》GB 50367 及现行中国工程建设标准化协会标准《碳纤维片材加固混凝土结构技术规程》CECS 146 的有关规定执行。

Ⅷ　钢绞线网-聚合物砂浆面层加固法

6.6.17　钢绞线网-聚合物砂浆面层加固梁柱的钢绞线网片、聚合物砂浆的材料性能，应符合现行国家标准《建筑抗震加固技术规程》JGJ 116 第 5.3.4 条的规定。界面剂的性能应符合现行行业标准《混凝土界面处理剂》JC/T 907 关于Ⅰ型的规定。

6.6.18　钢绞线网-聚合物砂浆面层加固梁柱的设计，应符合下列要求：

1　原有构件混凝土的实际强度等级不应低于 C15，且混凝土表面的正拉粘结强度不应低于 1.5 MPa。

2　钢绞线网的受力方式应设计成仅承受拉应力作用。当提高梁的受弯承载力时，钢绞线网应设在梁顶面或底面受拉区（图 6.6.18-1）；当提高梁的受剪承载力时，钢绞线网应采用三面围套或四面围套的方式(图 6.6.18-2)；当提高柱受剪承载力时，钢绞线网应采用四面围套的方式(图 6.6.18-3)。

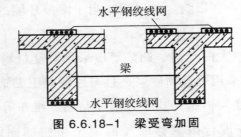

图 6.6.18-1 梁受弯加固

图 6.6.18-2 梁受剪加固　　图 6.6.18-3 柱受剪加固

3 钢绞线网-聚合物砂浆面层加固梁柱的构造，应符合下列规定：

1）面层的厚度应大于 25 mm，钢绞线保护层厚度不应小于 15 mm。

2）钢绞线网应设计成仅承受单向拉力作用，其受力钢绞线的间距不应小于 20 mm，也不应大于 40 mm；分布钢绞线不应考虑其受力作用，间距在 200～500 mm。

3）钢绞线网应采用专用金属胀栓固定在构件上，端部胀栓应错开布置，中部胀栓应交错布置，且间距不宜大于 300 mm。

4 钢绞线网-聚合物砂浆面层加固梁的承载力验算，可按照现行国家标准《混凝土结构加固设计规范》GB 50367 的有关规定进行，其中，对构件承载力的新增部分，其加固承载力抗震调整系数宜采用 1.0，原构件的材料强度设计值和抗震承载力，应按本规程 6.2 节~6.4 节的有关规定采用。

5 钢绞线网-聚合物砂浆面层加固柱简化的承载力验算，环向钢绞线可按箍筋计算，但钢绞线的强度应依据柱剪跨比的大小乘以折减系数，剪跨比不小于 3 时取 0.50，剪跨比不大于 1.5 时取 0.32。原构件的材料强度设计值和抗震承载力，应按本规程 6.2 节~6.4 节的有关规定采用。

6 被加固构件长期使用的环境要求，应符合国家现行有关标准的规定。

6.6.19 钢绞线网-聚合物砂浆面层的施工应符合下列规定：

1 加固前应卸除或大部分卸除作用在梁上的活荷载。

2 加固的施工顺序和主要注意事项可按现行国家标准《建筑抗震加固技术规程》JGJ 116 第 5.3.6 条的规定执行。

3 加固时应清除原有抹灰等装修面层，处理至裸露原混凝土结构的坚实面，缺陷应涂刷界面剂后用聚合物砂浆修补，基层处理的边缘应比设计抹灰尺寸外扩 50 mm。

4 界面剂喷涂施工应与聚合物砂浆抹面施工段配合进行，界面剂应随用随搅拌，分布应均匀，不得遗漏被钢绞线网遮挡的基层。

IX 置换混凝土加固法

6.6.20 当采用置换混凝土加固法加固梁、柱时，应符合下列规定：

1 置换用混凝土的强度等级应按实际计算确定，一般应比原设计强度等级至少提高一个等级，且不得低于 C25。置换的深度按计算确定，对板不应小于 40 mm；对梁、柱，采用人工浇筑时，不应小于 60 mm，用喷射混凝土施工时，不应小于 50 mm；置换长度应按混凝土强度和缺陷的检测及验算结果确定，但对非全长置换的情况，其两端应分别延伸不小于 100 mm 的长度。

2 配置混凝土用的石子宜用坚硬的卵石或碎石，局部置换时石子的粒径不宜大于 20 mm，当置换深度较大时，石子粒径可适当增大，但最大粒径不宜大于置换深度的 1/3，且不大于 40 mm。

3 置换部分应位于构件截面受压区内，且应根据受力方向，将有缺陷混凝土剔除；剔除位置应在沿构件整个宽度的一侧或对称的两侧；不允许仅剔除界面的一隅。

6.6.21 当采用置换混凝土加固法加固梁、柱时，施工应符合下列规定：

1 采用本加固方法前，根据具体情况，应进行完全卸载或局部卸载，为确保施工安全，应进行施工阶段的强度验算。

2 置换混凝土的施工应遵守下列规定：应对原构件混凝土存在的缺陷清理至密实部位，或清理至规定深度，并将表面凿毛或打成沟槽，沟槽深度不宜小于 6 mm，间距不宜大于箍筋间距的 1/2，同时应除去浮渣、尘土和松动的石子。新旧混凝土结合面应冲洗干净，浇筑混凝土前，原构件混凝土的界面应按设计文件的要求涂刷结构界面胶（剂），界面胶（剂）的涂刷方法及质量要求应符合该产品使用说明书及施工图说明的规定。

3 置换混凝土宜优先采用喷射混凝土或喷射钢纤维混凝土，特别当置换深度较小时，若受条件限制，需采用人工浇注混凝土时，其模板搭设以及新混凝土的浇注和养护，应符合现行国家标准《混凝土结构工程施工质量验收规范》GB 50204的要求。

X 混凝土局部损伤和裂缝修补技术

6.6.22 混凝土构件局部损伤和裂缝等缺陷的修补，应符合下列要求：

1 修补采用的细石混凝土，强度等级宜比原构件混凝土的强度等级高一级，且不应低于 C20；修补前，损伤处松散的混凝土和杂物应剔除，钢筋应除锈，并采取措施使新、旧混凝土可靠结合。

2 压力灌浆的浆液或浆料的可灌性和固化性应满足设计、施工要求；灌浆前应对裂缝进行处理，并埋设灌浆嘴；灌浆时，可根据裂缝的范围和大小选用单孔灌浆或分区群孔灌浆，并应采取措施使浆液饱满密实。

XI 填充墙加固

6.6.23 砌体墙与框架连接的加固应符合下列要求：

1 墙与柱的连接可增设拉筋加强（图 6.6.23-1）；拉筋直径可采用 6 mm，其长度不应小于 600 mm，沿柱高的间距不宜大于 600 mm，8、9 度时或墙高大于 4 m 时，墙半高的拉筋应贯通墙体；拉筋的一端应用胶黏剂（如环氧树脂砂浆）锚入柱的斜孔内，或与锚入柱内的锚栓焊接；拉筋的另一端弯折后锚入墙体的灰缝内，并用 1：3 水泥砂浆将墙面抹平。

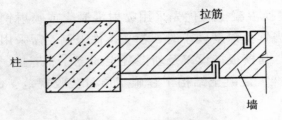

图 6.6.23-1 拉筋连接

2 墙与梁的连接，可按上款的方法增设拉筋加强墙与梁连接；也可采用墙顶增设钢夹套加强墙与梁的连接（图 6.6.23-2）；墙长超过层高 2 倍时，在中部宜增设上下拉接的措施。钢夹套的角钢不应小于∟63×6，螺栓不宜少于 2 根，其直径不应小于 12 mm，沿梁轴线方向的间距不宜大于 1.0 m。

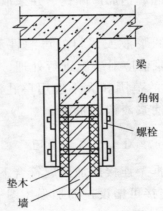

图 6.6.23-2 钢夹套连接

3 加固后按楼层综合抗震能力指数验算时，墙体连接的局部影响系数可取 1.0。

4 拉筋的锚孔和螺栓孔应采用钻孔成型，钢夹套的钢材表面应涂刷防锈漆。

7 底部框架和多层多排柱内框架砖房

7.1 一般规定

Ⅰ 抗震鉴定

7.1.1 本章适用于抗震设防类别为丙类的底部框架和多层多排柱内框架砖房的抗震鉴定。

7.1.2 底部框架和多层多排柱内框架砖房应按本规程 1.0.9 条分为 Ⅰ、Ⅱ、Ⅲ类。其中 Ⅰ、Ⅱ 类为底层框架和多层多排柱内框架砖房，按 7.2 节、7.3 节相关条款进行抗震鉴定。Ⅲ类为底部框架-抗震墙和多层多排柱内框架砖房，按 7.4 节相关条款进行抗震鉴定。

7.1.3 抗震鉴定时，应重点检查房屋的高度和层数、横墙的厚度和间距、墙体的砂浆强度等级和砌筑质量、底层框架砖房底层楼盖的类型、底层与第二层的侧向刚度比、多层多排柱内框架砖房的屋盖类型和纵向窗间墙宽度；7~9 度时，尚应检查框架的配筋及圈梁、构造柱和其他连接构造。

7.1.4 底层框架和多层多排柱内框架砖房的砌体部分和框架部分，除符合本章规定外，尚应分别符合本规程第 5 章、第 6 章中的有关规定。

Ⅱ 抗震加固

7.1.5 底层框架、多层多排柱内框架与砖墙混合承重的多层房屋的最大高度和层数应分别满足本规程第 7.2 节、7.3 节、7.4 节中的有关规定。当超过本规程规定，但未超过《建筑抗震设计规范》GB 50011 的限值时，应采用提高抗震承载力及加强房屋整体性的加固措施。当层数超过《建筑抗震设计规范》GB 50011 的规定时，应采取改变结构体系或减少层数的措施。

7.1.6 加固后的底层框架、多层多排柱内框架砖房应符合下列要求：

1 底层框架砖房，第二层与底层侧向刚度的比值应满足《建筑抗震设计规范》GB 50011 的有关规定。

2 加固后的框架不得形成短柱或强梁弱柱。

3 采用综合抗震能力指数验算时，楼层屈服强度系数、加固增强系数、加固后的体系影响系数和局部影响系数，应根据加固后的实际情况，按本规程的相关规定计算和取值。

4 加固后当按《建筑抗震设计规范》GB 50011 规定的方法进行抗震承载力验算时，可计入构造的影响，加固后构件的抗震承载力可按本章确定。

7.1.7 底层框架砖房上部各层的加固，应符合本规程第 5 章的有关规定，其竖向构件的加固应延续到底层；底层加固时，应计入上部各层加固后对底层的影响。框架梁柱的加固，应符合本规程第 6 章的有关规定。

7.2 Ⅰ类底层框架和多层多排柱内框架砖房抗震鉴定

7.2.1 底层框架和多层多排柱内框架砖房可按结构体系、房屋整体性连接、局部易损部位的构造及砖墙和框架的抗震承载力，对整幢房屋的综合抗震能力进行两级鉴定。当符合第一级鉴定的各项规定时，可评为满足抗震鉴定要求。不符合时，除有明确规定的情况外，应在第二级鉴定中采用屈服强度系数和综合抗震能力指数法，计入构造影响做出判断。

7.2.2 现有Ⅰ类底层框架和多层多排柱内框架砖房的最大高度和层数宜符合表 7.2.2 的规定。

表 7.2.2 Ⅰ类底层框架和多层多排柱内框架砖房的最大高度（m）和层数

房屋类别	墙体厚度（mm）	6 度		7 度		8 度		9 度	
		高度	层数	高度	层数	高度	层数	高度	层数
底层框架砖房	≥240	19	6	19	6	16	5	10	3
	180	13	4	13	4	10	3	7	2
多层多排柱内框架砖房	≥240	18	5	17	5	15	4	8	2

注：1 类似的砌块房屋可按照本章规定的原则进行鉴定，但 9 度时不适用，6～8 度时，高度相应降低 3 m，层数相应减少一层；

2 房屋的层数和高度超过表内规定值 1 层和 3 m 以内时，应进行第二级鉴定。

7.2.3 底层框架和多层多排柱内框架砖房的结构体系应符合下列规定：

1 抗震横墙的最大间距应符合表 7.2.3 的规定，超过时应采取相应措施。

表 7.2.3 Ⅰ类底层框架和多层多排柱内框架砖房抗震横墙的最大间距（m）

房 屋 类 型	6 度	7 度	8 度	9 度
底层框架砖房的底层	25	21	19	15
多层多排柱内框架砖房	30	30	30	20

2 底层框架砖房的底层和第二层，应符合下列要求：

1） 在纵横两个方向均应有砖或钢筋混凝土抗震墙，每个方向第二层与底层侧向刚度的比值，7度时不应大于3.0，8、9度时不应大于2.0，且均不应小于1.0；底层抗震墙在房屋平面中的布置不对称时，应考虑扭转的不利影响。

2） 底层框架不应为单跨；框架柱截面最小尺寸不宜小于400 mm，在重力荷载作用下的轴压比，7、8、9度时分别不宜大于0.9、0.8、0.7。

3） 第二层的墙体宜与底层的框架梁对齐，其实测砂浆强度等级应高于第三层。

3 内框架砖房的纵向窗间墙的宽度，6、7、8、9度时，分别不宜小于0.8 m、1.0 m、1.2 m、1.5 m；8、9度时厚度为240 mm的抗震墙应有墙垛。

7.2.4 底层框架砖房的底层和多层多排柱内框架砖房的砖抗震墙，厚度不应小240 mm，砖实际达到的强度等级不应低于MU7.5；砌筑砂浆实际达到的强度等级，6、7度时不应低于M2.5，8、9度时不应低于M5；框架梁、柱混凝土实际达到的强度等级不应低于C20。

7.2.5 现有Ⅰ类房屋的整体性连接构造应符合下列规定：

1 底层框架砖房的底层，8、9度时应为现浇或装配整体式混凝土楼盖；6、7度时可为装配式楼盖，但应有圈梁。

2 多层多排柱内框架砖房的圈梁，应符合本规程第5.2

节中的有关规定；采用装配式混凝土楼、屋盖时，尚应符合下列要求：

1）顶层应有圈梁；

2）6度时和7度不超过三层时，隔层应有圈梁；

3）7度超过三层和8、9度时，各层均应有圈梁。

3　多层多排柱内框架砖房大梁在外墙上的支承长度不应小于240 mm，且应与垫块或圈梁相连。

4　多层多排柱内框架砖房在外墙四角和楼、电梯间四角及大房间内外墙交接处，7、8度时超过三层和9度时，应有构造柱或沿墙高每10皮砖应有2φ6拉结钢筋。

7.2.6　底层框架砖房的上部各层的第一级鉴定，应符合本规程第5.2节的有关要求；框架梁、柱的第一级鉴定，应符合本规程第6.2节中的有关要求。

7.2.7　第一级鉴定时，房屋的抗震横墙间距和房屋宽度应符合下列规定：

1　底层框架砖房的上部各层，抗震横墙间距和房屋宽度的限值应按本规程第5.2.7条中的有关规定采用。

2　底层框架砖房的底层，横墙厚度为370 mm时的抗震横墙间距和纵墙厚度为240 mm时的房屋宽度限值宜按表7.2.7采用，其他厚度的墙体，表内数值可按墙厚的比例相应换算。设计基本地震加速度为0.15g和0.30g时应按表7.2.7中数值采用内插法确定。

表 7.2.7　底层框架砖房第一级鉴定的底层横墙间距和房屋宽度限值（m）

楼层总数	6度				7度				8度				9度			
	砂浆强度等级															
	M2.5		M5		M2.5		M5		M5		M10		M5		M10	
	L	B	L	B	L	B	L	B	L	B	L	B	L	B	L	B
2	25	15	25	15	19	14	21	15	17	13	18	15	11	8	14	10
3	20	15	25	15	15	11	19	14	13	10	16	12			10	7
4	18	13	22	15	12	9	16	12	11	8	13	10				
5	15	11	20	15	11	8	14	10			12	9				
6	14	10	18	13			12	9								

注：L 指 370 mm 厚横墙的间距限值，B 指 240 mm 厚纵墙的房屋宽度限值。

　　3　多排柱到顶的多层多排柱内框架砖房的横墙间距和房屋宽度限值，顶层可按本规程第 5.2.7 条中规定限值的 0.9 倍采用，底层可分别按本规程第 5.2.7 条中规定限值的 1.4 倍和 1.15 倍采用，其他各层限值的调整可用内插法确定。

7.2.8　底层框架和多层多排柱内框架砖房符合本规程第 7.2.2～7.2.7 条规定时，可评为综合抗震能力满足抗震要求；当遇下列情况之一时，可不再进行第二级鉴定，但应评为综合抗震能力不满足抗震要求，应对房屋采取加固或其他相应措施：

　　1　横墙间距超过表 7.2.3 的规定,或构件支承长度少于规定值的 75%；或底层框架砖房第二层与底层侧向刚度比不符合本规程 7.2.3 条第 2 款的有关要求。

2 8、9度时混凝土强度等级低于 C13。

3 非结构构件的构造不符合本规程第5.2.6条第2款的要求。

4 本节的其他规定有多项明显不符合要求。

7.2.9 底层框架和多层多排柱内框架砖房的第二级鉴定，一般情况下，可采用综合抗震能力指数的方法；房屋层数超过本规程表 7.2.2 所列数值时，应按本规程第 3.1.8 条的规定进行抗震承载力验算，并按第 5.2.11 条、第 6.2.15 条的规定计入构造影响因素，进行综合评定。

7.2.10 底层框架砖房采用综合抗震能力指数方法进行第二级鉴定时，应符合下列要求：

1 上部各层应按本规程第 5.2 节中的规定进行鉴定。

2 底层的砖抗震墙部分，可根据房屋的总层数按照本规程第 5.2 节中的规定进行。其抗震墙基准面积率，应按本规程附录 B.0.2 采用。烈度影响系数，6、7、8、9 度时，可分别按 0.7、1.0、1.7、3.0 采用；设计基本地震加速度为 0.15g 和 0.30g 时，分别按 1.35 和 2.35 采用。

3 底层的框架部分，可按本规程第 6.2 节中的规定进行鉴定。其中，框架承担的地震剪力可按《建筑抗震设计规范》GB 50011 有关规定计算。

7.2.11 多层多排柱内框架砖房采用综合抗震能力指数方法进行第二级鉴定时，应符合下列要求：

1 砖墙部分可按照本规程第 5.2 节中的规定进行。其中，纵向窗间墙不符合第一级鉴定时，其影响系数应按体系影响系数处理；抗震墙基准面积率，应按本规程附录 B.0.3 采用。烈度影响系数，6、7、8、9 度时，可分别按 0.7、1.0、1.7、3.0

采用；设计基本地震加速度为 0.15g 和 0.30g 时，分别按 1.35 和 2.35 采用。

2 框架部分可按照本规程第 6.2 节中的规定进行。其外墙砖柱（墙垛）的现有受剪承载力，可根据对应于重力荷载代表值的砖柱轴向压力、砖柱偏心距限值、砖柱（包括钢筋）的截面面积和材料强度标准值等计算确定。

7.3 Ⅱ类底层框架和多层多排柱内框架砖房抗震鉴定

7.3.1 底层框架和多层多排柱内框架砖房的总高度和层数，不应超过表 7.3.1 的规定；当超过表中限值时，应采取提高综合抗震能力、改变结构体系或减少层数等措施。

表 7.3.1 Ⅱ类底层框架和多层多排柱内框架砖房的
最大高度(m)和层数限值

房 屋 类 型	烈 度							
	6 度		7 度		8 度		9 度	
	高度	层数	高度	层数	高度	层数	高度	层数
底层框架砖房	19	6	19	6	16	5	11	3
多层多排柱内架砖房	16	5	16	5	14	4	7	2

注：房屋总高度指室外地面到檐口的高度，半地下室可从地下室室内地面算起，全地下室可从室外地面算起。

7.3.2 底层框架砖房和多层多排柱内框架砖房的抗震横墙的最大间距，应符合表 7.3.2 的要求。

164

表 7.3.2　Ⅱ类底层框架和多层多排柱内框架砖房抗震横墙的最大间距(m)

房 屋 类 型		烈　度			
		6 度	7 度	8 度	9 度
底层框架砖房	上部各层	同本规程表 5.3.4 多层砌体部分			
	底　　层	25	21	18	15
多层多排柱内框架砖房		30	30	30	20

7.3.3　底层框架和多层多排柱内框架砖房的结构布置，应符合下列要求：

1　底层框架砖房的底层和第二层，应符合下列要求：

1）在纵横两方向均应有一定数量的抗震墙，抗震墙宜为钢筋混凝土墙，6 度和 7 度时也可以是嵌砌于框架之间的砖墙或混凝土小砌块墙，其厚度不小于 240 mm。每个方向第二层与底层侧向刚度的比值，7 度时不应大于 3.0，8、9 度时不应大于 2.0，且均不应小于 1.0；当底层抗震墙在房屋平面中的布置不对称时，应计入扭转的不利影响。

2）底层框架不应为单跨；框架柱截面最小尺寸不宜小于 400 mm，在重力荷载作用下的轴压比，7、8、9 度时分别不宜大于 0.9、0.8、0.7。

3）第二层的墙体宜与底层的框架梁对齐，其墙体实测砂浆强度等级应高于第三层。

2　多层多排柱内框架砖房的纵向窗间墙宽度，不应小于 1.5 m；外墙上梁的搁置长度，不应小于 300 mm，且梁端应与圈梁或组合柱、构造柱连接。

7.3.4　底层框架砖房和多层多排柱内框架砖房的构造柱设

置，应符合下列规定：

1 底层框架砖房的上部砌体结构构造柱的设置应符合本规程5.3.6条的规定，过渡层在底部框架柱对应部位应有构造柱。

2 多层多排柱内框架房屋的钢筋混凝土构造柱的设置，应符合下列要求：

　1）外墙四角和楼、电梯间四角；

　2）6度不低于5层时，7度不低于4层时，8度不低于3层时和9度时，抗震墙两端以及内框架梁在外墙的支承处（无组合柱时）。

3 构造柱与每层圈梁、现浇板应有可靠连接。

7.3.5 底层框架砖房的底层楼盖和多层多排柱内框架砖房的屋盖，应为现浇或装配整体式钢筋混凝土板，采用装配式钢筋混凝土楼、屋盖的楼层，均应有现浇钢筋混凝土圈梁。

7.3.6 底层框架和多层多排柱内框架砖房的材料强度等级，应符合下列要求：

1 砖砌抗震墙的砖实际达到的强度等级不应低于MU7.5；砌筑砂浆实际达到的强度等级，6、7度时不应低于M2.5，8、9度时不应低于M5。

2 钢筋混凝土框架梁、柱、墙混凝土实际达到的强度等级不应低于C20，9度时不应低于C30。

7.3.7 底层框架和多层多排柱内框架砖房构造柱的截面、配筋应满足下列要求：

1 构造柱截面不宜小于240 mm×240 mm。

2 构造柱纵向钢筋不宜少于 4φ14，箍筋间距不宜大于200 mm。

7.3.8 底层框架和多层多排柱内框架砖房的砌体和钢筋混凝土结构部分，应分别符合本规程第 5.3 节、第 6.3 节中的有关要求。底层框架和多层多排柱内框架砖房的框架抗震等级可按框架结构采用，抗震墙可按三级采用。

7.3.9 现有 Ⅱ 类底层框架和多层多排柱内框架砖房，应根据现行国家标准《建筑抗震设计规范》GB 50011 的方法进行抗震分析，按本规程第 3.1.8 条规定进行构件承载力验算，并考虑震损程度的影响；当抗震构造措施不满足本节各条款的要求时,可按本规程第 7.2 节的规定计入构造的影响进行综合评价。其中当构造柱的设置不满足本节的相关规定时，体系影响系数应根据不满足程度乘以 0.8～0.95 的系数。

按照附录 A 选用材料性能指标,按照附录 D 进行砌体结构抗震承载力验算。

7.3.10 Ⅱ 类底层框架和多层多排柱内框架砖房的抗震鉴定结论按如下原则确定：

1 符合本规程第 7.3.1～7.3.9 条的规定时,房屋的抗震能力可评定为满足抗震鉴定要求，可不进行抗震加固。

2 符合本规程第 7.3.1～7.3.6 条和 7.3.8、7.3.9 的规定,仅 7.3.7 条其中一款不符合时，房屋的抗震能力可评定为基本满足抗震鉴定要求，对不符合部分可采取相应加固措施。

3 当不符合本规程第 7.3.1～7.3.6 条和 7.3.8、7.3.9 条中任一条（款）规定时，房屋的抗震能力评定为不满足抗震鉴定要求，应进行抗震加固。

7.4 Ⅲ类底部框架-抗震墙和多层多排柱内框架砖房抗震鉴定

7.4.1 底部框架-抗震墙和多层多排柱内框架砖房的层数和高度应符合下列要求：

1 房屋的层数和总高度不应超过表7.4.1的规定。

2 对医院、教学楼等及横墙较少的多层砌体房屋，总高度应比表7.4.1的规定降低3m，层数相应减少一层。各层横墙很少的多层砌体房屋，还应根据具体情况再适当降低总高度和减少层数。

注：横墙较少指同一楼层内开间大于4.20m的房间占该层总面积的40%以上。

表7.4.1 Ⅲ类底部框架-抗震墙和
多层多排柱内框架砖房的层数和总高度限值（m）

房屋类别	最小墙厚度（mm）	烈 度							
		6度		7度		8度		9度	
		高度	层数	高度	层数	高度	层数	高度	层数
底部框架-抗震墙	240	22	7	22	7	19	6	—	—
多排柱内框架	240	16	5	16	5	13	4	—	—

注：1 房屋的总高度指室外地面到主要屋面板板顶或檐口的高度，半地下室从地下室室内地面算起，全地下室和嵌固条件好的半地下室应允许从室外地面算起；对带阁楼的坡屋面应算到山尖墙的1/2高度处。

2 室内外高差大于0.6m时，房屋总高度应允许比表中数据适当增加，但不应多于1m。

3 底部框架-抗震墙房屋的底部和内框架房屋的层高，不应超过4.5m。

168

7.4.2 底部框架-抗震墙和多层多排柱内框架砖房抗震横墙的间距应符合表 7.4.2 的要求。

表 7.4.2 Ⅲ类底层框架-抗震墙和
多层多排柱内框架砖房抗震横墙最大间距(m)

房 屋 类 别		烈 度			
		6 度	7 度	8 度	9 度
底部框架-抗震墙	上部各层	同本规程表 5.4.3			
	底层或底部两层	21	18	15	—
多排柱内框架		25	21	18	

7.4.3 底部框架-抗震墙房屋的结构布置，应符合下列要求：

1 上部的砌体抗震墙与底部的框架梁或抗震墙应对齐或基本对齐。

2 底层框架不应为单跨；框架柱截面最小尺寸不宜小于 400 mm，在重力荷载作用下的轴压比，6、7、8 度时分别不宜大于 0.85、0.75、0.70、0.65。

3 房屋的底部，应在纵横两方向设有一定数量的抗震墙，抗震墙的布置应均匀对称或基本均匀对称。6 度且总层数不超过 4 层的底层框架-抗震墙房屋，可采用嵌砌于框架之间的约束砌体抗震墙，但应计入砌体墙对框架的附加轴力和附加剪力并进行底层的抗震验算，且同一方向不应同时采用钢筋混凝土抗震墙和约束砌体抗震墙；其余情况，8 度应采用钢筋混凝土抗震墙，6、7 度时应采用钢筋混凝土抗震墙或配筋小砌块砌体抗震墙。

4 底层框架-抗震墙房屋的纵横两个方向，第二层计入构造柱影响的侧向刚度与底层侧向刚度的比值，6、7度时不应大于2.5，8度时不应大于2.0，且均不应小于1.0。

5 底部两层框架-抗震墙房屋的纵横两个方向，底层与底部第二层侧向刚度应接近，第三层计入构造柱影响的侧向刚度与底部第二层侧向刚度的比值，6、7度时不应大于2.0，8度时不应大于1.5，且均不应小于1.0。

6 底部框架-抗震墙房屋的抗震墙应设有条形基础、筏式基础等整体性好的基础。

7.4.4 多层多排柱内框架砖房的结构布置，应符合下列要求：

1 房屋宜为矩形平面，立面宜规则，楼梯间横墙宜贯通房屋全宽。

2 7度时横墙间距大于18 m或8度时横墙间距大于15 m，外纵墙的窗间墙宜设有组合柱。

3 多排柱内框架砖房的抗震墙应设有条形基础、筏式基础等整体性好的基础。

7.4.5 底部框架–抗震墙和多层多排柱内框架砖房的钢筋混凝土结构部分，除应符合本章规定外，尚应符合本规程第6章的有关要求；此时，底部框架-抗震墙房屋的框架和抗震墙的抗震等级，6、7、8度可分别为三、二、一级；多排柱内框架的抗震等级，6、7、8度可分别为四、三、二级。

7.4.6 底部框架-抗震墙房屋的上部应设有钢筋混凝土构造柱，并应符合下列要求：

1 钢筋混凝土构造柱的设置部位，应根据房屋的总层数符合本规程5.4.6条的规定。过渡层尚应在底部框架柱对应位置处设有构造柱。

2 构造柱应与每层圈梁连接，或与现浇楼板有可靠拉结。

7.4.7 底部框架-抗震墙房屋的楼盖应符合下列要求：

1 过渡层的底板应为现浇钢筋混凝土板，板厚不应小于120 mm；仅允许开设少量小洞，当洞口尺寸大于800 mm时洞口周边应设有边梁。

2 其他楼层，采用装配式钢筋混凝土楼板时，均应设现浇圈梁，采用现浇钢筋混凝土楼板时可不另设圈梁，但楼板沿抗震墙体周边应有加强筋并应与相应的构造柱有可靠连接。

7.4.8 多层多排柱内框架房屋的钢筋混凝土构造柱的设置，应符合下列要求：

1 下列部位应设有钢筋混凝土构造柱：

1）外墙四角和楼、电梯间四角，楼梯休息平台梁的支承部位；

2）抗震墙两端及未设置组合柱的外纵墙、外横墙上对应于中间柱列轴线的部位。

2 构造柱应与每层圈梁连接，或与现浇楼板有可靠拉结。

7.4.9 多层多排柱内框架砖房的楼、屋盖，应采用现浇或装配整体式钢筋混凝土板。采用现浇钢筋混凝土楼板时可不设圈梁，但楼板沿墙体周边应有加强筋并应与相应的构造柱有可靠连接。

7.4.10 多层多排柱内框架梁在外纵墙、外横墙上的搁置长度不应小于300 mm，且梁端应与圈梁或组合柱、构造柱连接。

7.4.11 底部框架-抗震墙房屋的钢筋混凝土托墙梁，其截面和构造应符合下列要求：

1 梁的截面宽度不应小于300 mm，梁的截面高度不应小于跨度的 1/10。

2 箍筋的直径不应小于 8 mm，间距不应大于 200 mm；梁端在 1.5 倍梁高且不小于 1/5 梁净跨范围内，以及上部墙体的洞口处和洞口两侧各 500 mm 且不小于梁高的范围内，箍筋间距不应大于 100 mm。

3 沿梁高应设腰筋，数量不应少于 2φ14，间距不应大于 200 mm。

4 梁的主筋和腰筋应按受拉钢筋的要求锚固在柱内，且支座上部的纵向钢筋在柱内的锚固长度应符合钢筋混凝土框支梁的有关要求。

7.4.12 底部框架-抗震墙房屋底部的钢筋混凝土抗震墙，其截面和构造应符合下列要求：

1 抗震墙周边应设有梁（或暗梁）和边框柱（或框架柱）组成的边框；边框梁的截面宽度不小于墙板厚度的 1.5 倍，截面高度不小于墙板厚度的 2.5 倍；边框柱的截面高度不小于墙板厚度的 2 倍。

2 抗震墙墙板的厚度不宜小于 160 mm，且不应小于墙板净高的 1/20；抗震墙宜开设洞口形成若干墙段，各墙段的高宽比不宜小于 2。

3 抗震墙的竖向和横向分布钢筋配筋率均不应小于 0.25%，并应采用双排布置；双排分布钢筋间拉筋的间距不大于 600 mm，直径不小于 6 mm。

4 抗震墙的边缘构件配筋及构造同本规程 6.4 节关于一般部位的规定。

7.4.13 底部框架-抗震墙房屋的底部采用普通砖抗震墙时，

其构造应符合下列要求：

1 墙厚不应小于 240 mm，砌筑砂浆强度等级不应低于 M10，应为先砌墙后浇框架。

2 框架柱与墙的连接，应每隔 500 mm 配置有不少于 2φ6 的通长拉结钢筋；在墙体半高处尚应设有与框架柱相连的钢筋混凝土水平系梁。

3 墙长大于 5 m 时，在墙内应设有钢筋混凝土构造柱。

7.4.14 底部框架-抗震墙房屋的材料强度等级，应符合下列要求：

1 框架柱、抗震墙和托墙梁的混凝土强度等级，不应低于 C30。

2 过渡层墙体的砌筑砂浆强度等级，不应低于 M7.5。

7.4.15 底部框架-抗震墙房屋上部抗震墙的中心线宜同底部的框架梁、抗震墙的轴线相重合；构造柱宜与框架柱上下贯通。其截面、配筋应满足下列要求：

1 构造柱的截面，不宜小于 240 mm × 240 mm。

2 构造柱的纵向钢筋不宜少于 4φ14，箍筋间距不大于 200 mm。

3 过渡层构造柱的纵向钢筋，7 度时不宜少于 4φ16，8 度时不宜少于 6φ16。一般情况下，纵向钢筋应锚入下部的框架柱内；当纵向钢筋锚固在框架梁内时，框架梁的相应位置应加强。

7.4.16 多层多排柱内框架房屋的钢筋混凝土构造柱的截面、配筋应满足下列要求：

1 构造柱的截面不宜小于 240 mm × 240 mm。

2 构造柱的纵向钢筋不宜少于 4Φ14，箍筋间距不宜大于 200 mm。

7.4.17 底层框架-抗震墙和多层多排柱内框架房屋的其他抗震构造措施，应符合本规程第 5.4 节、6.4 节的相关要求。

7.4.18 现有Ⅲ类底部框架-抗震墙和多层多排柱内框架砖房，应根据现行国家标准《建筑抗震设计规范》GB 50011 的方法进行抗震分析，按本规程第 3.1.8 条的规定进行构件承载力验算，并考虑震损程度的影响；当抗震构造措施不满足本节各条款的要求时，可按本规程第 7.2 节的规定计入构造的影响进行综合评价。其中当构造柱的设置不满足本节的相关规定时，体系影响系数应根据不满足程度乘以 0.8～0.95 的系数。

按照附录 A 选用材料性能指标，按照附录 D 进行砌体结构抗震承载力验算。

7.4.19 Ⅲ类底部框架-抗震墙和多层多排柱内框架砖房的抗震鉴定结论按如下原则确定：

1 符合本节第 7.4.1～第 7.4.18 条的规定时，房屋的抗震能力评为满足抗震鉴定要求，可不进行抗震加固。

2 符合本节第 7.4.1～7.4.14 条和 7.4.18 条的规定，第 7.4.15～7.4.17 条中有个别条（款）规定不符合时，房屋的抗震能力评为基本满足抗震鉴定要求，对不符合部分可采取相应加固措施。

3 当不符合本节第 7.4.1～7.4.14 条和 7.4.18 条中任意一条（款）规定时，房屋的抗震能力评为不满足抗震鉴定要求，应进行抗震加固。

7.5 抗震加固方法

7.5.1 当底部框架和多层多排柱内框架砖房的结构体系及抗震承载力不能满足要求时,可选择下列加固方法:

  1 横墙间距符合鉴定要求但抗震承载力不能满足要求时,可对原有墙体采用钢筋网砂浆面层、钢绞线-聚合物砂浆面层或板墙加固,也可增设砖或钢筋混凝土抗震墙。

  2 横墙间距不满足规定时,可在横墙间距内增设砖或钢筋混凝土抗震墙,或采取增强楼盖的整体性措施并对原有墙体采用板墙加固和对钢筋混凝土框架、砖柱混合框架进行加固,也可在砖房外增设抗侧力构件。

  3 底层框架砖房的上下侧向刚度的比不满足要求或有明显扭转效应时,可在底部增设砖或钢筋混凝土抗震墙,应注意避免薄弱层转移至二层,当二层刚度或承载力不满足鉴定要求时,应对二层原有墙体采用钢筋网砂浆面层、钢绞线-聚合物砂浆面层等方法加固。

  4 钢筋混凝土柱配筋不满足要求时,可采用增设钢构套、外黏型钢、现浇钢筋混凝土套、增大截面加固、粘贴纤维布、钢绞线网-聚合物砂浆面层等方法加固,也可增设抗震墙以减少柱承担的地震作用。

  5 当钢筋混凝土柱轴压比不满足要求时,可采用增设现浇钢筋混凝土套、增大截面等方法加固。

  6 外墙的砖柱(墙垛)承载力不满足要求时,可采用钢筋混凝土外壁柱或内、外壁柱加固;也可增设抗震墙以减少砖柱(墙垛)承担的地震作用。

  7 当底层框架砖房的底层为单跨框架时,可采取增设框架柱、增加支承或抗震墙的措施，当底层刚度不足或有明显扭转效应时，应在底层增设钢筋混凝土抗震墙；当二层刚度、承载力不足时，可对二层原有墙体采用钢筋网砂浆面层等加固方法，或将底层钢筋混凝土墙对应的上部二层砌体墙替换为钢筋混凝土墙。

7.5.2 当底层框架砖房的底层和多层多排柱内框架砖房的整体性不满足要求时，可选择下列加固方法：

1 当底屋框架砖房的底层楼盖为装配式混凝土楼板时，可增设钢筋混凝土现浇层加固。

2 圈梁布置不符合鉴定要求时，应增设圈梁；外墙圈梁宜采用现浇钢筋混凝土，内墙圈梁可用钢拉杆或在进深梁端加锚杆代替。

3 外墙四角或内、外墙交接处的连接不符合鉴定要求时，可增设钢筋混凝土构造柱加固。

4 楼、屋盖构件的支承长度不能满足要求时，可增设托梁或采取增强楼、屋盖整体性的措施。

7.5.3 砖房易倒塌部位不符合鉴定要求时，可按本规程第5.5.3条的有关规定选择加固方法。

7.6 抗震加固设计及施工

I 楼盖增设现浇层加固法

7.6.1 增设钢筋混凝土现浇层加固楼盖时，现浇层的厚度不应小于 40 mm，钢筋直径不应小于 6 mm，其间距不应大于 300 mm，应有 50%的钢筋穿过墙体，另外 50%的钢筋可采用插筋相连，插筋两端锚固长度不应小于插筋直径的 40 倍；现浇层应与原楼板采用锚筋或锚栓连接，锚筋、锚栓梅花形布置，通过钻孔并采用胶黏剂锚入预制板缝内，深度 80～100 mm。现浇层浇注前，应将原有板面装饰层去除，板面凿毛，清洗干净，涂刷界面剂，浇筑完毕应加强后期养护。

Ⅱ 增设面层、板墙和抗震墙加固法

7.6.2 增设钢筋网砂浆面层、板墙和抗震墙加固房屋时应符合下列要求：

1 钢筋网砂浆面层、板墙、砖抗震墙和钢筋混凝土抗震墙的材料、构造和施工应分别符合本规程第 5.6 节的有关规定。

2 底层框架砖房的底层和多层多排柱内框架砖房各层的地震剪力宜全部由该方向的抗震墙承担；加固后墙段的抗震承载力的增强系数和有关的体系影响系数、局部影响系数可根据不同的加固方法分别按本规程第 5.6.4 条、第 5.6.5 条、第 5.6.11 条、第 5.6.17 条和第 5.6.26 条的规定采用。

Ⅲ 增设钢筋混凝土壁柱加固法

7.6.3 增设钢筋混凝土壁柱加固内框架房屋的砖柱（墙垛）时应符合下列要求：

1 壁柱应从底层设起，沿砖柱（墙垛）全高贯通；壁柱应做基础，基础埋深宜与外墙基础相同，当外墙基础埋深超过 1.5 m 时，壁柱基础可采用 1.5 m，但不得小于冻结深度。

2 壁柱的材料和构造应符合下列要求：

1）混凝土强度等级不应低于 C20；纵向钢筋宜采用

HRB335 级钢，箍筋可采用 HPB300 级钢。

2）壁柱的截面面积不应小于 36 000 mm²，截面宽度不宜大于 700 mm，截面高度不宜小于 70 mm；内壁柱的截面宽度应大于相连的梁宽，且比梁两侧各宽出的尺寸不应小于 70 mm。

3）壁柱的纵向钢筋不应少于 4Φ12，并宜双向对称布置；箍筋直径可采用 8 mm，其间距不宜大于 200 mm，在楼、屋盖标高上下各 500 mm 范围内，箍筋间距不应大于 100 mm；内外壁柱间沿柱高度每隔 600 mm，应拉通一道箍筋。

4）壁柱在楼、屋盖处应与圈梁或楼、屋盖拉结；内壁柱应有 50% 的纵向钢筋穿过楼板，另 50% 的纵向钢筋可采用插筋相连，插筋上下端的锚固长度不应小于插筋直径的 40 倍。

5）外壁柱与砖柱（墙垛）的连接，可按本规程第 5.6.24 条的有关规定采用。

3 采用壁柱加固后，形成的组合砖柱（墙垛）的抗震验算应符合下列要求：

1）当横墙间距符合鉴定要求时，加固后组合砖柱承担的地震剪力可取楼层地震剪力按各抗侧力构件的有效侧向刚度分配的值；有效侧向刚度的取值，对原有框架柱和加固后的组合砖柱不折减，对 Ⅰ 类内框架，钢筋混凝土抗震墙可取实际值的 40%，砖抗震墙可取实际值的 30%；对 Ⅱ 类内框架，钢筋混凝土抗震墙可取实际值的 30%，砖抗震墙可取实际值的 20%。

2）横墙间距超过规定值时，加固后的组合砖柱承担的地震剪力可按下式计算：

$$V_{cij} = \frac{\eta K_{cij}}{\sum K_{cij}}(V_i - V_{ei})$$ (7.6.3-1)

$$\eta = 1.6L/(L+B)$$ (7.6.3-2)

式中　V_{cij}——第 i 层第 j 柱承担的地震剪力设计值；

　　　K_{cij}——第 i 层第 j 柱的侧向刚度；

　　　V_i——第 i 层的层间地震剪力设计值，应按国家标准《建筑抗震设计规范》GB 50011 的规定确定；

　　　V_{ei}——第 i 层所有抗震墙现有受剪承载力之和，可按本规程附录 B 的规定确定；

　　　η——楼、屋盖平面内变形影响的地震剪力增大系数，当 $\eta \leqslant 1.0$ 时，取 $\eta = 1.0$；

　　　L——抗震横墙间距；

　　　B——房屋宽度。

3）加固后的组合砖柱（墙垛），可采用梁柱铰接的计算简图，并可按钢筋混凝土壁柱与砖柱（墙垛）共同工作的组合构件验算其抗震承载力。验算时，钢筋和混凝土的强度宜乘以折减系数 0.85，加固后有关的体系影响系数和局部尺寸的影响系数可取 1.0。

Ⅳ　其他相关加固方法

7.6.4　增设构造柱和圈梁的设计及施工，应符合本规程第 5.6.24 条至 5.6.35 条的有关规定。

7.6.5　钢构套、钢筋混凝土套加固钢筋混凝土梁、柱的设计及施工，加固后钢筋混凝土梁、柱截面抗震验算，应符合本规程第 6.6.7 条和第 6.6.8 条的有关规定。

8 单层空旷房屋

8.1 一般规定

Ⅰ 抗震鉴定

8.1.1 本章适用于较空旷的单层大厅和附属房屋组成的砖墙承重的单层空旷房屋的鉴定。

注：单层空旷房屋指剧场、礼堂、食堂等。

8.1.2 单层空旷房屋，应根据结构布置和构件形式的合理性、构件材料实际强度、房屋整体性连接构造的可靠性和易损部位构件自身构造及其与主体结构连接的可靠性等，进行结构布置和构造的检查。

对Ⅰ类空旷房屋，一般情况，当结构布置和构造符合要求时，应评为满足抗震鉴定要求；对有明确规定的情况，应结合抗震承载力验算进行综合抗震能力评定。

对Ⅱ、Ⅲ类空旷房屋，应检查结构布置和构造并按规定进行抗震承载力验算，然后评定其抗震能力。

当关键薄弱部位不符合规定时，应要求加固或处理；一般部位不符合规定时，应根据不符合的程度和影响范围，提出相应对策。

Ⅱ 抗震加固

8.1.3 空旷房屋的抗震加固方案，应有利于砖柱(墙垛)抗震承载力的提高、屋盖整体性的加强和结构布置上不利因素的消除。

8.1.4 砌体块材的质量不应低于一等品，其强度等级应按原设计确定，且不应低于 MU10。砌体结构外加面层用的水泥砂浆，若设计为普通水泥砂浆，其强度等级不应低于 M10，若设计为水泥复合砂浆，其强度等级不应低于 M25。

8.1.5 结构加固用的水泥，应采用强度等级不低于 32.5 级的硅酸盐水泥和普通硅酸盐水泥；也可采用矿渣硅酸盐水泥或火山灰质硅酸盐水泥，但其强度等级不应低于 42.5 级，必要时还可采用快硬硅酸盐水泥。

注：1 当被加固结构有耐腐蚀、耐高温要求时，应采用相应的特种水泥。

2 配置聚合物砂浆用的水泥，其强度等级不应低于 42.5 级，且应符合水泥说明书的规定。

8.1.6 当现有单层空旷房屋的大厅超出砌体墙承重的适用范围时，宜改变结构体系或提高构件承载力且加强墙体的约束达到现行国家标准《建筑抗震设计规范》GB 50011 的相应要求。

8.1.7 房屋加固后，可按现行国家标准《建筑抗震设计规范》GB 50011 的规定进行纵、横向的抗震分析，并可采用本章规定的方法进行构件的抗震验算。

8.2 Ⅰ类单层空旷房屋抗震鉴定

8.2.1 Ⅰ类空旷房屋的大厅，应按本节的规定进行抗震鉴定；

附属房屋的抗震鉴定，应按其结构类型按本规程相关章节的规定进行检查。

8.2.2 Ⅰ类空旷房屋抗震鉴定时，影响房屋整体性、抗震承载力和易倒塌伤人的下列关键部位应重点检查：

1 6度时，应检查女儿墙、门脸和出屋面小烟囱和山墙山尖。

2 7度时，除按第1款检查外，尚应检查舞台口大梁上的砖墙、承重山墙。

3 8度时，除按第1、2款检查外，尚应检查承重柱（墙垛）、舞台口横墙、屋盖支撑及其连接、圈梁、较重装饰物的连接及相连附属物的影响。

4 9度时，除按1~3款检查外，尚应检查屋盖的类型等。

8.2.3 Ⅰ类空旷房屋现有的整体性连接构造应符合下列规定：

1 大厅的屋盖构造，应符合相应的设计标准要求。

2 8、9度时，支承舞台口大梁的墙体应有保证稳定的措施。

3 大厅柱（墙）顶标高处应有现浇闭合圈梁一道，沿高度每隔4m左右在窗顶标高处还应有闭合圈梁一道。

4 大厅与相连的附属房屋，在同一标高处应有封闭圈梁并在交界处拉通。

5 山墙壁柱宜通到墙顶；8、9度时山墙顶尚应有钢筋混凝土卧梁，并与屋盖构件锚拉。

8.2.4 Ⅰ类空旷房屋屋盖易损部位及其连接的构造，应符合下列规定：

1 8、9度时，舞台口横墙顶部宜有卧梁，并应与构造柱、圈梁、屋盖等构件有可靠连接。

2 悬吊重物应有锚固和可靠的防护措施。

3 悬挑式挑台应有可靠的锚固和防止倾斜的措施。

4 8、9度时，顶棚等宜为轻质材料。

5 女儿墙、高门脸等，应符合本规程第5章的有关规定。

8.2.5 I类单层空旷房屋宜按下列要求进行检查：

1 大厅、前厅、舞台之间，不宜设防震缝分开；大厅与两侧附属房屋之间可不设防震缝。但不设缝时应加强连接。

2 单层空旷房屋大厅，支承屋盖的承重结构，在下列情况下不应采用砖柱：

1）9度时与8度Ⅲ、Ⅳ类场地的建筑。

2）大厅内设有挑台。

3）8度Ⅰ、Ⅱ类场地和7度Ⅲ、Ⅳ类场地，大厅跨度大于15m或柱顶高度大于6m。

4）7度Ⅰ、Ⅱ类场地和6度Ⅲ、Ⅳ类场地，大厅跨度大于18m或柱顶高度大于8m。

3 舞台前后、大厅与前厅交接处的高大山墙，宜利用工作平台或楼层作为水平支撑。

8.2.6 I类空旷房屋单层空旷房屋的外观和内在质量宜符合下列要求：

1 承重柱、墙无酥碱、剥落、明显露筋或损伤。

2 木屋盖构件无腐朽、严重开裂、歪斜或变形，节点无松动。

8.2.7 I类单层空旷房屋的下列部位，应按现行国家标准《建筑抗震设计规范》GB 50011的规定进行纵、横向抗震分析，并按本规程第3.1.8条的规定进行结构构件的抗震承载力验算：

1 悬挑式挑台的支承构件。

2 8、9度时，高大山墙和舞台后墙的壁柱应进行平面外的截面抗震验算。

8.2.8 Ⅰ类单层空旷房屋抗震鉴定结论按如下原则确定：

1 符合本节第8.2.1条～第8.2.7条的相关规定时，房屋的抗震能力评为满足抗震鉴定要求；

2 不符合第8.2.7条规定，或第8.2.1条～8.2.6条中有多数条款规定不符合时，房屋的抗震能力评为不满足抗震鉴定要求，应对建筑结构进行抗震加固。

8.3 Ⅱ类单层空旷房屋抗震鉴定

8.3.1 Ⅱ类单层空旷房屋的结构布置，应按下列要求检查：

1 单层空旷房屋的大厅，支承屋盖的承重结构，9度时应为钢筋混凝土结构。当7度时，有挑台或跨度大于21 m或柱顶标高大于10 m，8度时，有挑台或跨度大于18 m或柱顶标高大于8 m，应为钢筋混凝土结构。

2 舞台口的横墙，应符合下列要求：

1）舞台口横墙两侧及墙两端应有构造柱或钢筋混凝土柱。

2）舞台口横墙沿大厅屋面处应有钢筋混凝土卧梁，其截面高度不宜小于180 mm，并应与屋盖构件可靠连接。

3）6～8度时，舞台口大梁上的承重墙应每隔4 m有一根立柱，并应沿墙高每隔3 m有一道圈梁；立柱、圈梁的截面尺寸、配筋及其与墙体的拉结等应符合多层砌体房屋的要求。

4）9度时，舞台口大梁上不应由砖墙承重。

8.3.2 Ⅱ类单层空旷房屋的实际材料强度等级，应符合下列规定：

1 砖实际达到的强度等级，不宜低于 MU7.5。

2 砌筑砂浆实际达到的强度等级，不宜低于 M2.5。

3 混凝土材料实际达到的强度等级，不应低于 C20。

8.3.3 Ⅱ类单层空旷房屋的整体性连接，应按下列要求检查：

1 大厅柱（墙）顶标高处应有现浇圈梁，并宜沿墙高每隔 3 m 作用有一道圈梁，梯形屋架端部高度大于 900 mm 时还应在上弦标高处有一道圈梁；其截面高度不宜小于 180 mm，宽度宜与墙厚相同，配筋不应少于 4Φ12，箍筋间距不宜大于 200 mm。

2 大厅与附属房屋不设防震缝时，应在同一标高处设置封闭圈梁并在交接处拉通，墙体交接处应沿墙高每隔 500 mm 有 2Φ6 拉结钢筋，且每边伸入墙内不宜小于 1 m。

3 悬挑式挑台应有可靠的锚固和防止倾覆的措施。

8.3.4 Ⅱ类单层空旷房屋的易损部位，应按下列要求检查：

1 山墙应沿屋面设有钢筋混凝土卧梁，并应与屋盖构件锚拉；山墙应设有构造柱或组合砖柱，其截面和配筋分别不宜小于排架柱或纵墙砖柱，并应通到山墙顶端与卧梁连接。

2 舞台后墙、大厅与前厅交接处的高大山墙，应利用工作平台或楼层作为水平支撑。

8.3.5 Ⅱ类单层空旷房屋抗震鉴定时，影响房屋整体性、抗震承载力和易倒塌伤人的下列关键部位应重点检查：

1 6 度时，应检查女儿墙、门脸和出屋面小烟囱和山墙山尖。

2 7度时，除按第1款检查外，尚应检查舞台口大梁上的砖墙、承重山墙。

3 8度时，除按第1、2款检查外，尚应检查承重柱（墙垛）、舞台口横墙、屋盖支撑及其连接、圈梁、较重装饰物的连接及相连附属物的影响。

4 9度时，除按1~3款检查外，尚应检查屋盖的类型等。

8.3.6 Ⅱ类单层空旷房屋大厅的砖柱宜为组合柱，柱上端钢筋应锚入屋架底部的钢筋混凝土圈梁内；组合柱的纵向钢筋，应按计算确定，且6度Ⅲ、Ⅳ类场地和7度时，不应少于4φ12，8度和9度时，不应少于6φ14。

8.3.7 Ⅱ类单层空旷房屋宜满足下列要求：

1 大厅、前厅、舞台之间，不宜设防震缝分开；大厅与两侧附属房屋之间可不设防震缝。但不设缝时应加强连接。

2 单层空旷房屋大厅，支承屋盖的承重结构，在下列情况下不应采用砖柱：

1）9度与8度Ⅲ、Ⅳ类场地的建筑。

2）大厅内设有挑台。

3）8度Ⅰ、Ⅱ类场地和7度Ⅲ、Ⅳ类场地，大厅跨度大于15 m或柱顶高度大于6 m。

4）7度Ⅰ、Ⅱ类场地和6度Ⅲ、Ⅳ类场地，大厅跨度大于18 m或柱顶高度大于8 m。

3 舞台前后、大厅与前厅交接处的高大山墙，宜利用工作平台或楼层作为水平支撑。

8.3.8 Ⅱ类单层空旷房屋的外观和内在质量宜符合下列要求：

1 承重柱、墙无酥碱、剥落、明显露筋或损伤。

2 木屋盖构件无腐朽、严重开裂、歪斜或变形，节点无松动。

8.3.9 Ⅱ类单层空旷房屋，应根据现行国家标准《建筑抗震设计规范》GB 50011 的方法进行抗震分析，按本规程第 3.1.8 条的规定进行构件承载力验算，并考虑震损程度的影响；当抗震构造措施不满足本节各条款的要求时，应计入构造的影响进行综合评价。

构件截面抗震验算时，按照附录 A 选用材料性能指标，组合内力设计值的调整应符合本规程附录 E 的规定，截面抗震验算应符合本规程附录 F 的规定。

8.3.10 Ⅱ类单层空旷房屋抗震鉴定结论按如下原则确定：

1 符合本节第 8.3.1 条~第 8.3.9 条的相关规定时，房屋的抗震能力评为满足抗震鉴定要求；

2 不符合第 8.3.9 条规定，或第 8.3.1 条 ~ 8.3.8 条中有多数条（款）规定不符合时，房屋的抗震能力评为不满足抗震鉴定要求，应对建筑结构进行抗震加固。

8.4　Ⅲ类单层空旷房屋抗震鉴定

8.4.1 Ⅲ类单层空旷房屋的结构布置，应按下列要求检查：

1 单层空旷房屋大厅支承屋盖的承重结构，除满足 8.3.7 条第 2 款规定者，可在大厅纵墙屋架支点下，增设钢筋混凝土砖组合壁柱，不得采用无筋砖壁柱。

2 前厅结构布置应加强横向的侧向刚度，大门处壁柱及前厅内独立柱应设计成钢筋混凝土柱。

3 前厅与大厅、大厅与舞台连接处的横墙，应加强侧向刚度，设置一定数量的钢筋混凝土抗震墙。

8.4.2 Ⅲ类单层空旷房屋抗震鉴定时，影响房屋整体性、抗震承载力和易倒塌伤人的下列关键部位应重点检查：

1 6度时，应检查女儿墙、门脸和出屋面小烟囱和山墙山尖。

2 7度时，除按第 1 款检查外，尚应检查舞台口大梁上的砖墙、承重山墙。

3 8度时，除按第 1、2 款检查外，尚应检查承重柱（墙垛）、舞台口横墙、屋盖支撑及其连接、圈梁、较重装饰物的连接及相连附属物的影响。

4 9度时，除按 1～3 款检查外，尚应检查屋盖的类型等。

8.4.3 Ⅲ类单层空旷房屋的钢筋混凝土柱和组合砖柱应符合下列要求：

1 组合砖柱纵向钢筋的上端应锚入屋架底部的钢筋混凝土圈梁内。组合柱的纵向钢筋，除按计算确定外，且 6 度Ⅲ、Ⅳ类场地和 7 度Ⅰ、Ⅱ类场地每侧不应少于 4φ14，7 度Ⅲ、Ⅳ类场地和 8 度Ⅰ、Ⅱ类场地每侧不应少于 4φ16。

2 钢筋混凝土柱应按抗震等级为二级框架柱设计，其配筋量应按计算确定。

8.4.4 Ⅲ类单层空旷房屋前厅与大厅，大厅与舞台间轴线上横墙，应符合下列要求：

1 应在横墙两端，纵向梁支点及大洞口两侧设置钢筋混凝土框架柱或构造柱。

2 嵌砌在框架柱间的横墙应有部分设计成抗震等级为二级的钢筋混凝土抗震墙。

3 舞台口的柱和梁应采用钢筋混凝土结构,舞台口大梁上承重砌体墙应设置间距不大于 4 m 的立柱和间距不大于 3 m 的圈梁,立柱、圈梁的截面尺寸、配筋及与周围砌体的拉结应符合多层砌体房屋要求。

4 9 度时,舞台口大梁上的砖墙不应承重。

8.4.5 Ⅲ类单层空旷房屋柱(墙)顶标高处应设置现浇圈梁,并宜沿墙高每隔 3 m 左右增设一道圈梁。梯形屋架端部高度大于 900 mm 时还应在上弦标高处增设一道圈梁。圈梁的截面高度不宜小于 180 mm,宽度宜与墙厚相同,纵筋不应少于 4Φ12,箍筋间距不宜大于 200 mm。

8.4.6 Ⅲ类单层空旷房屋大厅与两侧附属房屋间不设防震缝时,应在同一标高处设置封闭圈梁并在交接处拉通,墙体交接处应沿墙高每隔 500 mm 设置 2Φ6 拉结钢筋,且每边伸入墙内不宜小于 1 m。

8.4.7 Ⅲ类单层空旷房屋山墙应沿屋面设置钢筋混凝土卧梁,并应与屋盖构件锚拉;山墙应设置钢筋混凝土柱或组合柱,其截面和配筋分别不宜小于排架柱或纵墙组合柱,并应通到山墙的顶端与卧梁连接。

8.4.8 Ⅲ类单层空旷房屋舞台后墙,大厅与前厅交接处的高大山墙,应利用工作平台或楼层作为水平支撑。

8.4.9 Ⅲ类单层空旷房屋宜按下列要求进行检查:

1 大厅、前厅、舞台之间,不宜设防震缝分开;大厅与两侧附属房屋之间可不设防震缝。但不设缝时应加强连接。

2 单层空旷房屋大厅,支承屋盖的承重结构,在下列情况下不应采用砖柱:

1)9 度时与 8 度Ⅲ、Ⅳ类场地的建筑。

2）大厅内设有挑台。

3）8 度 I、Ⅱ类场地和 7 度 Ⅲ、Ⅳ类场地，大厅跨度大于 15 m 或柱顶高度大于 6 m。

4）7 度 I、Ⅱ类场地和 6 度 Ⅲ、Ⅳ类场地，大厅跨度大于 18 m 或柱顶高度大于 8 m。

3 舞台前后、大厅与前厅交接处的高大山墙，宜利用工作平台或楼层作为水平支撑。

8.4.10 Ⅲ类单层空旷房屋的外观和内在质量宜符合下列要求：

1 承重柱、墙无酥碱、剥落、明显露筋或损伤。

2 木屋盖构件无腐朽、严重开裂、歪斜或变形，节点无松动。

8.4.11 Ⅲ类单层空旷房屋，应根据现行国家标准《建筑抗震设计规范》GB 50011 的方法进行抗震分析，按本规程第 3.1.8 条的规定进行构件承载力验算，并考虑震损程度的影响；当抗震构造措施不满足本节各条款的要求时，应计入构造的影响进行综合评价。

构件截面抗震验算时，按照附录 A 选用材料性能指标，组合内力设计值的调整应符合本规程附录 E 的规定，截面抗震验算应符合本规程附录 F 的规定。

8.4.12 Ⅲ类单层空旷房屋抗震鉴定结论按如下原则确定：

1 符合本节第 8.4.1 条~第 8.4.11 条的相关规定时，房屋的抗震能力评为满足抗震鉴定要求；

2 不符合第 8.4.11 条规定，或第 8.4.1 条～8.4.10 条中有多数条（款）规定不符合时，房屋的抗震能力评为不满足抗震鉴定要求，应对建筑结构整体进行抗震加固。

8.5 抗震加固方法

8.5.1 砖柱(墙垛)抗震承载力不满足要求时，可选择下列加固方法：

1 一般情况下，可采用钢筋砂浆面层加固。

2 当为 7 度时或抗震承载力低于要求并相差在 30%以内的轻屋盖房屋，可采用钢构套加固。

3 当为 8、9 度的重屋盖房屋或延性、耐久性要求高的房屋，可采用钢筋混凝土壁柱或钢筋混凝土套加固。

4 独立砖柱房屋的纵向，亦可增设到顶的柱间抗震墙加固。

8.5.2 房屋的整体性连接不符合鉴定要求时，可选择下列加固方法：

1 屋盖支撑布置不符合鉴定要求时，应增设支撑。

2 构件的支承长度不满足要求时或连接不牢固时，可增设支托或采取加强连接的措施。

3 墙体交接处连接不牢固或圈梁布置不符合鉴定要求时，可增设圈梁加固。

8.5.3 局部的结构构件或非结构构件不符合鉴定要求时，可选择下列加固方法：

1 舞台的后墙平面外稳定性不符合鉴定要求时，可增设壁柱、工作平台、天桥等构件增强其稳定性。

2 高大的山墙山尖不符合鉴定要求时，可采用轻质隔墙替换。

3 砌体隔墙不符合鉴定要求时，可将砌体隔墙与承重构件间改为柔性连接。

8.6 抗震加固设计与施工

Ⅰ 面层组合柱加固

8.6.1 增设钢筋网砂浆面层与原有砖柱（墙垛）形成面层组合柱时，面层应在柱两侧对称布置；纵向钢筋的保护层厚度不应小于 20 mm，钢筋与砌体表面的空隙不应小于 5 mm，钢筋的上端应与柱顶的垫块或圈梁连接，下端应锚固在基础内；柱两侧面层沿柱高应每隔 600 mm 采用 Φ6 的封闭箍筋拉结。

8.6.2 增设面层组合柱的材料和构造应符合下列要求(图8.6.2)：

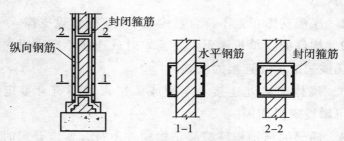

图 8.6.2 面层组合柱加固墙垛

1 加固受压构件用的水泥砂浆，其强度等级不应低于 M15；加固受剪构件用的水泥砂浆，其强度等级不应低于 M10。钢筋宜采用 HRB400 级钢筋或 HRBF400 级钢筋，也可以采用 HPB300 级钢筋或 HRB335 级钢筋。

2 对于室内正常湿度环境，面层厚度可采用 35～45 mm；对于露天或潮湿环境，面层厚度可采用 45～50 mm。

3 纵向钢筋直径不宜小于 8 mm，间距不应小于 50 mm；水平钢筋的直径不宜小于 4 mm，间距不应大于 400 mm，在距柱顶和柱脚的 500 mm 范围内，间距应加密。

4 面层应深入地坪下 500 mm。

8.6.3 面层组合柱应进行抗震验算，并应符合下列要求：

1 7、8 度区的 I 类房屋，轻屋盖房屋组合砖柱的每侧纵向钢筋分别不少于 3φ8、3φ10，且配筋率不小于 0.1%，可不进行抗震承载力验算。

2 加固后，柱顶在单位水平力作用下的位移可按下式计算：

$$u = H_0^3 / 3(E_m I_m + E_c I_c + E_s I_s) \qquad (8.6.3)$$

式中 u——面层组合柱柱顶在单位水平力作用下的位移。

H_0——面层组合柱的计算高度，可按现行国家标准《砌体结构设计规范》GB 50003 的规定采用；但当为 9 度时均应按弹性方案取值，当为 8 度时可按弹性或刚弹性方案取值。

I_m、I_c、I_s——砖砌体(不包括翼缘墙体)、混凝土或砂浆面层、纵向钢筋的横截面面积对组合砖柱折算截面形心轴的惯性矩。

E_m、E_c、E_s——砖砌体、混凝土或砂浆面层、纵向钢筋的弹性模量；砖砌体的弹性模量应按现行国家标准《砌体结构设计规范》GB 50003 的规定采用；混凝土和钢筋的弹性模量应按现行国家标准《混凝土结构设计规范》GB 50010 的规定采用；砂浆的弹性模量，对 M7.5 取 7 400 N/mm²，对 M10

取 9 300 N/mm²，对 M15 取 12 000 N/mm²。

3 加固后形成的组合砖柱，当不计入翼缘的影响时，计算的排架基本周期，宜乘以表 8.6.3 的折减系数。

表 8.6.3　基本周期的折减系数

屋架类别	翼缘宽度小于腹板宽度 5 倍	翼缘宽度不小于腹板宽度 5 倍
钢筋混凝土和组合屋架	0.9	0.8
木、钢木和轻钢屋架	1.0	0.9

4 面层组合柱的抗震承载力验算，可按现行国家标准《建筑抗震设计规范》GB 50011 的规定进行，其中，材料强度应按本规程附录 A 采用，增设的面层砂浆和钢筋的强度应乘以折减系数 0.85。

Ⅱ　组合壁柱加固

8.6.4 增设钢筋混凝土壁柱或钢筋混凝土套加固砖柱(墙垛)形成组合壁柱时，应符合下列要求：

1 采用钢筋混凝土柱加固砖墙时，壁柱应在砖墙两面相对位置设置，同时内外壁柱间应采用钢筋混凝土腹杆拉结。采用钢筋混凝土套加固砖柱(墙垛)时，钢筋混凝土套遇到砖墙时，应设钢筋混凝土腹杆拉结。

2 壁柱的构造应符合下列规定：

1）壁柱应在两侧对称布置。

2）纵向钢筋配筋率不应小于 0.2%，保护层厚度不应小于 25 mm，钢筋与砌体表面的净距不应小于 5 mm；钢筋的上端应与柱顶的垫块或圈梁连接，下端应锚固在基础内。

3）箍筋的直径不应小于 4 mm 且不小于纵向钢筋直径的 0.2 倍，间距不应大于 400 mm 且不应小于纵向钢筋直径的 20 倍，在距柱顶和柱脚的 500 mm 范围内，其间距应加密；当柱一侧的纵向钢筋多于 4 根时，应设置复合箍筋或拉结筋。

4）壁柱或套的基础埋深宜与原基础相同，当有较厚的刚性地坪时，埋深可浅于原基础，但不宜浅于室外地面下 500 mm。

8.6.5 增设钢筋混凝土壁柱或钢筋混凝土套加固砖柱（墙垛）的设计，尚应符合下列要求：

1 壁柱和套的混凝土宜采用细石混凝土，强度等级不应低于 C25；钢筋宜采用 HRB400 热轧钢筋。

2 采用钢筋混凝土柱加固砖墙（图 8.6.5a）及钢筋混凝土套加固砖柱（墙垛）（图 8.6.5b）时，其构造尚应符合下列规定：

1）壁柱和套的厚度宜为 60 ~ 120 mm；

2）纵向钢筋宜对称配置；

3）钢筋混凝土拉结腹杆沿柱高度的间距不宜大于壁柱最小厚度的 12 倍，配筋量不宜少于两侧壁柱纵向钢筋总面积的 25%；

4）壁柱或套的基础埋深宜与原基础相同，当有较厚的刚性地坪时，埋深可浅于原基础，但不宜浅于室外地面下 500 mm。

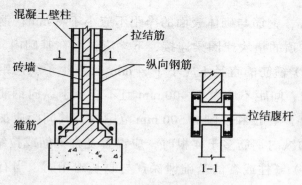

（a）混凝土壁柱加固砖柱(墙垛)

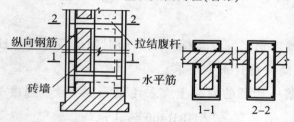

（b）钢筋混凝土套加固砖柱(墙垛)

图 8.6.5 砖柱(墙垛)加固

3 壁柱或套加固后按组合砖柱进行抗震承载力验算，但增设的混凝土和钢筋的强度应乘以折减系数 0.85；材料强度应按本规程附录 A 采用。

Ⅲ 钢构套加固

8.6.6 增设钢构套加固砖柱（墙垛）时，应符合下列要求：

1 钢构套的材料和构造应符合下列要求：

1）钢构架应采用 Q235 钢（3 号钢）制作，纵向角钢不应小于∟56×5，并应紧贴砖砌体，下端应伸入刚性地坪下200 mm，上端应与柱顶垫块连接。

2）横向缀板或系杆的间距不应大于纵向单肢角钢最小截面回转半径的 40 倍，在柱上下端和变截面处，间距应加密；缀板截面不应小于 35 mm×5 mm，系杆直径不应小于 16 mm，缀板的间距不应大于 500 mm。

2 对Ⅰ类房屋，当为 7 度时或抗震承载力低于要求并相差在 30%以内的轻屋盖房屋，增设钢构套加固后，砖柱（墙垛）可不进行抗震承载力验算。

3 钢构套加固砖柱（墙垛）的施工，宜符合国家现行标准、规范的有关规定。

9 质量检查与验收

9.1 一般规定

9.1.1 建筑抗震加固设计文件应符合国家规定的设计深度要求，设计单位应在施工前向施工单位进行技术交底。

9.1.2 建筑抗震加固工程施工现场应建立健全质量管理体系、施工质量控制与检验制度以及综合评定施工质量水平的考核制度；施工现场应配备相应的施工技术标准和规范。

9.1.3 抗震加固工程施工前，施工单位应编制加固工程施工组织设计或施工技术方案并经监理（建设）单位审查批准。施工单位应对从事加固工程施工作业的人员进行技术交底。

9.1.4 施工企业在抗震加固工程中采用的加固施工新技术、新工艺、新设备、新材料，应编制具有针对性的专项施工方案，经监理（建设）单位审查批准后实施，对危险性较大的工程，专项施工方案应组织专家进行论证，施工前应对施工人员进行必要的操作培训和详细的技术交底。

9.2 工程质量控制

9.2.1 建筑抗震加固工程采用的材料、设备和构配件等必须符合设计文件要求及国家有关标准的规定。

9.2.2 材料、设备和构配件进场时，应对其品种、规格、包装、外观等进行检查验收，并应经监理工程师（建设单位代表）

确认，形成相应验收记录。

9.2.3 进入施工现场的材料、设备和构配件均应具有出厂合格证明及性能检测报告。现场应对质量文件进行核查，并经监理工程师（建设单位代表）确认，纳入工程技术档案。

9.2.4 对涉及安全、卫生、环境保护和影响结构功能的相关材料和产品，应按各专业工程质量验收规范进行见证抽样复验；其送样应经监理工程师签封，复验不合格的材料和产品不得使用；施工单位或生产厂家自行抽样、送检的委托检验报告无效。

9.2.5 抗震加固工程施工各工序、各专业工种应按照自检、互检和有专业检查人员参加的交接检的"三检"制度进行检查，应按施工工艺和技术标准进行质量控制，每道工序完成后，应进行检查验收，合格后方允许进行下一道工序施工。未经监理工程师（建设单位技术负责人）检查认可，不得隐蔽。各工序施工质量不符合相关要求时，应立即采取补救措施或返工。

9.2.6 相关各专业工种之间交接时，应进行交接检验和形成记录，并经监理工程师（建设单位技术负责人）检查认可。未经监理工程师（建设单位技术负责人）检查认可，不得进行下一道工序施工。

9.2.7 隐蔽工程在隐蔽前应由施工单位通知有关单位进行检查验收，并应形成验收文件。

9.2.8 工程质量的检查验收均应在施工单位自行检查评定的基础上进行。

9.2.9 涉及抗震加固工程结构安全的试块和试件，应按规定进行见证取样、养护和检测。对涉及抗震加固工程结构安全的重要工序应进行旁站监理，严格按操作规程进行施工操作。

9.3 工程质量验收

9.3.1 抗震加固工程竣工后，应根据加固工程的具体特点，按设计要求和质量合格文件进行工程验收。

9.3.2 建筑结构抗震加固工程应根据其加固材料种类和施工技术特点，按不同施工方法划分为若干分项工程；每一分项工程应按其施工过程控制和施工验收的需要划分为若干检验批。分项工程的具体划分宜符合本规程附录 G 的规定。

9.3.3 检验批的质量应按主控项目和一般项目验收。主控项目和一般项目的选取及合格标准可根据加固工程的具体特点，参照相应验收规范执行；检验批的质量检验应按相应验收规范和验收标准规定的抽样检验方案执行。

9.3.4 抗震加固工程的分项工程和检验批的验收应单独填写验收记录,验收资料应单独组卷。

9.3.5 抗震加固工程验收的程序和组织应遵守现行《建筑工程施工质量验收统一标准》的要求，并应符合下列规定：

1 检验批验收、隐蔽工程验收应由监理工程师（建设单位代表）主持，施工单位相关专业的质量检查员与施工员参加；

2 分项工程验收应由监理工程师（建设单位代表）主持，施工单位项目技术负责人和相关专业的质量检查员与施工员参加，必要时可邀请设计单位相关专业人员参加；

3 各分项工程验收合格后，施工单位应向建设单位提交分项工程验收报告；建设单位收到报告后，应指派其加固工程项目负责人组织施工（含分包单位）、设计、监理等单位负责人进行加固工程竣工验收；加固工程竣工验收应报请当地质量监督机构进行监督检查。

9.3.6 抗震加固工程检验批质量合格应符合下列规定：

1 主控项目和一般项目的质量经抽样检验合格。

2 具有完整的施工操作依据、质量检查记录及质量证明文件。

9.3.7 抗震加固工程分项工程质量合格应符合下列规定：

1 分项工程所含的检验批均应检验合格。

2 分项工程所含的检验批的质量验收记录和有关证明文件应完整。

3 分部（子分部）工程所含分项工程的质量均应验收合格。

4 质量控制资料应完整。

5 涉及工程安全的检验和抽样检测应符合有关规定。

6 观感质量验收应符合规定。

9.3.8 抗震加固工程竣工验收时，应具备下列文件资料，并经检查符合本规程和设计要求：

1 原材料、产品的出厂检验合格证，涉及安全、卫生、环境保护和影响结构功能的相关材料和产品见证抽样复验报告。

2 加固构件外观尺寸和性能等检查和试验报告，涉及抗震加固工程结构安全的试块、试件的检验评定报告。

3 隐蔽工程检查验收记录和相关图像资料。

4 检验批验收记录、分项工程验收记录。

5 设计文件、审查报告及设计回复意见、图纸会审记录、设计变更文件和技术核定单。

    6   重大问题处理文件。

    7   加固工程的竣工图。

    8   其他对工程质量有影响的重要技术资料。

9.3.9 对设计要求进行的监控量测的工程项目，验收时应同时提交相应报告。

9.3.10 抗震加固工程施工质量不合格时，应由施工单位返工重做，并重新检查验收。若通过返工后仍不能满足安全使用要求的加固工程，严禁验收。

10 拆除与加固施工安全技术

10.1 一般规定

10.1.1 进入建筑物内进行加固作业前，应首先确认建筑物的稳定和安全情况，在确保安全的情况下进入作业，存在不稳定的危及施工人员安全隐患的，应采取临时的支撑和稳定措施后，在确保安全的情况下进行作业。

10.1.2 因检查或施工作业需要确需对重要受力构件的受损部位损伤情况作进一步扩大处理时，应采取支撑等可靠方式进行卸载或改变传力路径后才能进行。

10.1.3 房屋抗震加固施工不得因局部拆除而造成主体结构的次生破坏。

10.1.4 加固施工前，必须根据现有建筑物的具体工程特点，编制有针对性的拆除与加固专项施工方案，施工方案应包括加固施工现场的安全管理措施和安全技术措施，并附具相关安全验算结果，提出拆除与加固施工所需监测项目、方法及建筑结构相应的允许值、报警值。

10.1.5 拆除与加固专项施工方案必须经施工单位技术负责人和监理单位总监理工程师审查合格并签字后，方可组织实施。对危险性较大的工程，专项施工方案应组织专家进行论证。

10.1.6 在进行地基基础加固前，应对被加固建筑和邻近建、构筑物、地下管线设置监测点。拆除及加固施工期间应按制定的监测要求实施监测，对重要的或对沉降有严格限制的建、构筑物，尚应在加固施工完成后继续进行监测直至沉降稳定为止。

10.1.7 高处作业及劳动保护用品的使用，必须符合相关规定。

10.1.8 施工作业场所的临时用电应采用 TN-S 接零保护系统，搭设专用施工供电线路，动力和照明分路设置，按总配电箱—分配电箱—开关箱三级配电、二级漏电保护设置临时供电线路，不得为了方便就近从建筑物内的插座、灯具或出线头上取用电源。

10.1.9 高度达到或超过 2 m 的加固或拆除作业，应在作业范围的下方划出禁止区域，拆除施工过程中，严禁人员在禁止区域内活动或穿行。

10.2 拆除施工

10.2.1 拆除施工前，应首先确定建筑物的结构形式，分析其结构传力路径，制订拆除方案。在结构形式、传力路径不明的情况下，严禁进行拆除作业。

10.2.2 拆除施工的原则应按先拆高处、后拆低处，先拆非承重构件、后拆承重构件的原则进行；屋架上的屋面板拆除，应由跨中向两端对称进行。当拆除某一部分时，应保持未拆除部分的稳定。

10.2.3 拆除施工前，必须将通入该建筑的各种管道及电气线路切断，在拆除作业区设置围栏、警示标志，并设专人监护。

Ⅰ 人工拆除

10.2.4 进行人工拆除作业时,楼板上严禁人员聚集或堆放材料,作业人员应站在稳定的结构或脚手架上操作,被拆除的构件应有安全的放置场所。

10.2.5 人工拆除施工应从上至下、逐层拆除、分段进行,不得垂直交叉作业。作业面的孔洞应作临时封闭。

10.2.6 人工拆除建筑墙体时,严禁采用掏掘或推倒的方法。

10.2.7 建筑的承重梁、柱构件,应在其所承载的全部构件拆除后,再进行拆除。当拆除其所承载的全部构件可能会导致要拆除的承重梁、柱失去稳定或发生破坏时,应先进行可靠的临时支撑,再拆除其所承载的全部构件。

10.2.8 拆除梁或悬挑构件时,应采取有效的下落控制措施,方可切断构件端部的连接。

10.2.9 拆除柱子时,应沿柱子底部剔凿出钢筋,使用手动倒链定向牵引,再采用气焊切割柱子三面钢筋,保留牵引方向一面的钢筋,柱子放倒后再切断剩余的钢筋。

10.2.10 拆除管道和容器时,必须查清管道和容器内残留物的性质,并采取相应措施确保安全后,方可进行拆除施工。

Ⅱ 机械拆除

10.2.11 当采用机械拆除建筑物时,必须先将保留部分加固,再进行分离拆除。

10.2.12 施工中必须由专人负责监测被拆除建筑物的结构状态,做好记录。当发现有不稳定状态的趋势时,必须停止作业,采取有效措施，消除隐患。

10.2.13 拆除施工时，应按照施工方案选定的机械设备及吊装方案进行施工，严禁超载作业或任意扩大机械使用范围。供机械设备使用的场地必须保证足够的承载力。

10.2.14 进行高处拆除作业时，对较大尺寸的构件或质量较大的材料，不宜放置在楼面或屋面上，必须采用起重机具及时吊运至地面。拆卸下来的各种材料应及时清理，分类堆放在指定场所，严禁向下抛掷。

10.2.15 采用双机抬吊作业时，宜选用同型号规格的起重机，每台起重机荷载不得超过允许荷载的 80%，且应对第一吊进行试吊作业，施工中必须保持两台起重机同步作业。

10.2.16 拆除钢屋架、门架等钢结构时，必须采用绳索将其拴牢，待起重机吊稳后，方可进行气焊切割作业。应采用辅助措施使被吊物在吊运过程中处于稳定状态。

10.2.17 拆除作业中，起重机仅起稳定拆除物和运送拆除物的作用，严禁将起重机作为加力设备对还未拆下的构件进行加力破拆。

Ⅲ 爆破拆除

10.2.18 爆破拆除应根据周围环境作业条件、拆除对象、建筑类别、爆破规模，按照国家现行标准《爆破安全规程》GB 6722 将工程分为 A、B、C 三级，并采取相应的安全技术措施。实施爆破拆除工程前，应编制专项施工方案，危险性较大的爆破工程，其专项施工方案应组织专家进行论证，经当地有关部门审核批准后方可实施。

10. 2. 19 爆破拆除的预拆除施工应确保建筑安全和稳定。预拆除施工可采用机械和人工方法拆除非承重的墙体或不影响结构稳定的构件。

10. 2. 20 实施爆破作业应考虑保护邻近建筑和设施的安全，爆破振动强度应符合现行国家标准《爆破安全规程》GB 6722的有关规定。建筑基础爆破拆除时，应限制一次同时使用的药量。

10. 2. 21 爆破拆除施工时，应对爆破部位进行覆盖和遮挡，覆盖材料和遮挡设施应牢固可靠。

10. 2. 22 爆破拆除应采用电力起爆网路和非电导爆管起爆网路。电力起爆网路的电阻和起爆电源功率，应满足设计要求；非电导爆管起爆应采用复式交叉封闭网路。爆破拆除不得采用导爆索网路或导火索起爆方法。

10. 2. 23 爆破拆除工程的实施除应符合本规程的要求外，还必须按照现行国家标准《爆破安全规程》GB 6722的规定执行。

Ⅳ 静力破碎

10. 2. 24 进行建筑基础或局部块体拆除时，宜采用静力破碎的方法。

10. 2. 25 采用具有腐蚀性的静力破碎剂作业时，灌浆人员必须戴防护手套和防护眼镜。孔内注入破碎剂后，作业人员应保持安全距离，严禁在注孔区域附近行走或逗留。

10. 2. 26 静力破碎剂严禁与其他材料混放。

10. 2. 27 在相邻的两孔之间，严禁钻孔与注入破碎剂同步进行施工。

10.2.28 静力破碎时，发生异常情况，必须停止作业。查清原因并采取相应措施确保安全后，方可继续施工。

10.3 加固施工

Ⅰ 地基和基础

10.3.1 基坑（槽）开挖深度超过 3 m，或未超过 3 m 但土质较差或由雨季施工时，应编制专项施工方案，当基坑（槽）深度超过 5 m，或未超过 5 m 但土质较差或由雨季施工时，专项施工方案应组织专家进行论证。

10.3.2 对地基和基础加固需开挖基坑（槽）时，应根据开挖深度、土质条件、地下水位高低、施工时间长短、施工季节和当地气象条件、施工方法及与毗邻建（构）筑物情况，采取必要的放坡或支撑措施，保证基坑（槽）边坡或土壁的稳定。

10.3.3 土方开挖应严格遵循分层开挖、先撑后挖的原则，挖至每层支撑标高，待支撑架设并起作用后再继续挖下层。不得在基坑（槽）全部挖好后，再设置支撑。当地下水位高于基坑（槽）底时，应先采取降低地下水的措施，再行开挖。

10.3.4 进行人工挖孔桩施工时应采取相应措施防止孔壁坍塌、物体坠落和人员窒息、触电伤亡等事故的发生。

10.3.5 采用桩基托换工法施工时，施工过程中必须对结构进行监测，与被托换基础紧临的承力柱至少应布设一处沉降观测点，每柱做一个 3 m 高的标尺，用以监测柱的倾斜。宜每日观测 1 次沉降与倾斜值，挖桩及挖土期间 24 小时随时观测并对记录数据进行分析，做到信息化施工。

10.3.6 采用锚杆静压桩加固时，应有相应的质量保证措施和施工安全措施。

10.3.7 其他地基基础加固方法的安全防护措施应遵守国家及行业现行施工工法、工艺要求。

Ⅱ 主体结构、构造加固

10.3.8 主体结构及抗震构造加固施工时，作业人员操作平台、模板、钢结构及其支撑结构必须安全可靠。

10.3.9 水平结构模板及支撑系统安装、拆除，应编制相应的安装、拆除专项施工方案，施工时应符合相关的规定和要求，确保模板及支撑架体的稳定和施工人员的安全，水平混凝土构件模板及支撑系统高度超过 8 m，或跨度超过 18 m，施工总荷载大于 10 kN/m^2，或集中线荷载大于 15 kN/m，必须编制专项施工方案并组织专家进行论证，确保模板及支撑架体的稳定和施工人员的安全。

10.3.10 钢结构制作、安装前应编制施工方案，制定安全保证的技术措施，并向操作人员进行安全教育和安全技术交底，确保施工安全。

10.3.11 配制加固用黏结材料，属于易燃的，应远离火源和其他易燃物，属于易挥发性和有毒的，应密封保存。调制和施工时，应保证施工作业场所通风良好。

10.3.12 预应力施工应编制专项施工方案，进行预应力加固施工操作前，千斤顶和油压表应经过检验，且检验期不应超过 6 个月；预应力张拉时，张拉正前方和张拉钢筋上方不得站人，张拉完毕的预应力钢筋不得踩踏。有振动的设备如混凝土振动棒等，作业时不得碰触预应力钢筋和锚具。预应力钢筋及锚具等金属装置，不得用于电焊机等设备的接地。

Ⅲ 幕墙加固

10.3.13 加固施工前，必须对既有玻璃幕墙的承力构件、夹具、挂件、黏结材料的可靠性进行全面清查，必要时，应采取临时加固措施。

10.3.14 安装幕墙用的施工机具在使用前，应进行严格检验。手电钻、电动改锥、铆钉枪等电动工具应作绝缘电压试验；手持玻璃吸盘和玻璃吸盘安装机，应进行吸附重量和吸附持续时间试验，合格后方可使用。

10.3.15 使用吊篮进行幕墙加固施工时，应符合吊篮相关安装和使用要求，以确保作业人员安全。

附录 A 砌体、混凝土、钢筋材料性能设计指标

A.1 Ⅱ 类建筑

A.1.1 砌体非抗震设计的抗剪强度标准值与设计值应分别按表 A.1.1-1 和 A.1.1-2 采用。

表 A.1.1-1 砌体非抗震设计的抗剪强度标准值 (N/mm²)

砌体类别	砂浆强度等级					
	M10	M7.5	M5	M2.5	M1	M0.4
普通砖、多孔砖	0.27	0.23	0.19	0.13	0.08	0.05
粉煤灰中砌块	0.07	0.06	0.05	0.04	—	—
混凝土中砌块	0.11	0.10	0.08	0.06	—	—
混凝土小砌块	0.15	0.13	0.10	0.07	—	—

表 A.1.1-2 砌体非抗震设计的抗剪强度设计值 (N/mm²)

砌体类别	砂浆强度等级					
	M10	M7.5	M5	M2.5	M1	M0.4
普通砖、多孔砖	0.18	0.15	0.12	0.09	0.06	0.04
粉煤灰中砌块	0.05	0.04	0.03	0.02		
混凝土中砌块	0.08	0.06	0.05	0.04		
混凝土小砌块	0.10	0.08	0.07	0.05		

A.1.2 混凝土强度标准值与设计值应分别按表 A.1.2-1 和 A.1.2-2 采用。

表 A.1.2-1   混凝土强度标准值(N/mm²)

强度种类	符号	混凝土强度等级												
		C13	C15	C18	C20	C23	C25	C28	C30	C35	C40	C45	C50	C55	C60
轴心抗压	f_{ck}	8.7	10.0	12.1	13.5	15.4	17.0	18.8	20.0	23.5	27.0	29.5	32.0	34.0	36.0
弯曲抗压	f_{cmk}	9.6	11.0	13.3	15.0	17.0	18.5	20.6	22.0	26.0	29.5	32.5	35.0	37.5	39.5
轴心抗拉	f_{tk}	1.0	1.2	1.35	1.5	1.65	1.75	1.85	2.0	2.25	2.45	2.6	2.75	2.85	2.95

表 A.1.2-2   混凝土强度设计值(N/mm²)

强度种类	符号	混凝土强度等级												
		C13	C15	C18	C20	C23	C25	C28	C30	C35	C40	C45	C50	C55	C60
轴心抗压	f_c	6.5	7.5	9.0	10.0	11.0	12.5	14.0	15.0	17.5	19.5	21.5	23.5	25.0	26.5
弯曲抗压	f_{cm}	7.0	8.5	10.0	11.0	12.3	13.5	15.0	16.5	19.0	21.5	23.5	26.0	27.5	29.0
轴心抗拉	f_t	0.8	0.9	1.0	1.1	1.2	1.3	1.4	1.5	1.65	1.8	1.9	2.0	2.1	2.2

A.1.3   钢筋强度标准值与设计值应分别按表 A.1.3-1 和 A.1.3-2 采用。

表 A.1.3-1   钢筋强度标准值(N/mm²)

种 类		f_{yk} 或 f_{pyk} 或 f_{ptk}
热轧钢筋	HPB235(Q235)	235
	HRB335[20MnSi、20MnNb(b)] (1996 年以前的 d = 28～40)	335 (315)
	(1996 年以前的 III 级 25MnSi)	(370)
	HRB400(20MnSiV、20MnTi、K20MnSi)	400
热处理钢筋	40Si2Mn(d=6) 48Si2Mn(d=8.2) 45Si2Cr(d=10)	1 470

表 A.1.3-2 钢筋强度设计值(N/mm^2)

种　　类		f_{yk} 或 f_{py}	f_y' 或 f_{py}'
热轧钢筋	HPB235（Q235）	210	210
	HRB335[20MnSi、20MnNb(b)] （1996 年以前的 $d=28\sim40$）	310 （290）	310 （290）
	（1996 年以前的 Ⅲ 级 25MnSi）	（340）	（340）
	HRB400（20MnSiV、20MnTi、 K20MnSi）	360	360
热处理 钢筋	40Si2Mn（d=6） 48Si2Mn(d=8.2) 45Si2Cr(d=10)	1000	400

A.1.4 钢筋的弹性模量应按表 A.1.4 采用。

表 A.1.4　钢筋的弹性模量(N/mm^2)

种　　类	E_s
HPB235	2.1×10^5
HRB335、HRB400	2.0×10^5

A.2　Ⅲ类建筑

A.2.1　砌体抗剪强度标准值与设计值应分别按表 A.2.1-1 和表 A.2.1-2 采用。

表 A.2.1-1　沿砌体灰缝截面破坏时的砌体抗剪强度标准值(N/mm^2)

砌体类别	砂浆强度等级			
	≥M10	M7.5	M5	M2.5
烧结普通砖、烧结多孔砖	0.27	0.23	0.19	0.13
蒸压灰砂砖、蒸压粉煤灰砖	0.19	0.16	0.13	—
混凝土砌块	0.15	0.13	0.1	—
毛石	0.34	0.29	0.24	0.17

表 A.2.1-2 沿砌体灰缝截面破坏时砌体的抗剪强度设计值(N/mm²)

砌体类别	砂 浆 强 度 等 级			
	≥M10	M7.5	M5	M2.5
烧结普通砖、烧结多孔砖	0.19	0.16	0.13	0.09
蒸压灰砂砖，蒸压粉煤灰砖	0.12	0.1	0.08	0.06
混凝土砌块	0.09	0.08	0.07	—
毛石	0.08	0.07	0.06	0.04

注：1 对孔洞率不大于 35%的双排孔或多排孔轻骨料混凝土砌块砌体的抗剪强度设计值，可按表中混凝土砌块砌体抗剪强度设计值乘以 1.1；

2 对蒸压灰砂砖、蒸压粉煤灰砖砌体，当有可靠的试验数据时，表中强度设计值，允许作适当调整；

3 对烧结页岩砖、烧结煤矸石砖、烧结粉煤灰砖砌体，当有可靠的试验数据时，表中强度设计值，允许作适当调整。

A.2.2 混凝土强度标准值与设计值应分别按表 A.2.2-1 和表 A.2.2-2 采用。

表 A.2.2-1 混凝土强度标准值(N/mm²)

强度种类	混 凝 土 强 度 等 级													
	C15	C20	C25	C30	C35	C40	C45	C50	C55	C60	C65	C70	C75	C80
f_{ck}	10.0	13.4	16.7	20.1	23.4	26.8	29.6	32.4	35.5	38.5	41.5	44.5	47.4	50.2
f_{tk}	1.27	1.54	1.78	2.01	2.20	2.39	2.51	2.64	2.74	2.85	2.93	2.99	3.05	3.11

表 A.2.2-2　混凝土强度设计值(N/mm²)

强度种类	混 凝 土 强 度 等 级													
	C15	C20	C25	C30	C35	C40	C45	C50	C55	C60	C65	C70	C75	C80
f_c	7.2	9.6	11.9	14.3	16.7	19.1	21.1	23.1	25.3	27.5	29.7	31.8	33.8	35.9
f_t	0.91	1.10	1.27	1.43	1.57	1.71	1.80	1.89	1.96	2.04	2.09	2.14	2.18	2.22

注：1　计算现浇钢筋混凝土轴心受压及偏心受压构件时，如截面的长边或直径小于 300 mm，则表中混凝土的强度设计值应乘以系数 0.8；当构件质量(如混凝土成型，截面和轴线尺寸等)确有保证时，可不受此限制。

　　2　离心混凝土的强度设计值应按专门标准取用。

A.2.3　钢筋强度标准值与设计值应分别按表 A.2.3-1～表 A.2.3-4 采用。

表 A.2.3-1　普通钢筋强度标准值(N/mm²)

	种类	d（mm）	f_{yk}
热轧钢筋	HPB235(Q235)	8-20	235
	HRB335(20MnSi)	6-50	335
	HRB400(20MnSiV、20MnSiNb、20MnTi)	6-50	400
	RRB400(K20MnSi)	8-40	400

注：1　热轧钢筋直径 d 系指公称直径。

　　2　当采用直径大于 40 mm 的钢筋时，应有可靠的工程经验。

表 A.2.3-2　预应力钢筋强度标准值(N/mm²)

种　类		d (mm)	f_{ptk}
钢绞线	1 × 3	8.6、10.8	1 860、1 720、1 570
		12.9	1 720、1 570
	1 × 7	9.5、11.1、12.7	1 860
		15.2	1 860、1 720
消除应力钢丝	光面螺旋肋	4、5	1 770、1 670、1 570
		6	1 670、1 570
		7、8、9	1 570
	刻痕	5、7	1 570
热处理钢筋	40Si2Mn	6	1 470
	48Si2Mn	8.2	
	45Si2Cr	10	

注：1　钢绞线直径 d 系指钢绞线外接圆直径，即现行国家标准《预应力混凝土用钢绞线》GB/T 5224 中的公称直径 D_g，钢丝和热处理钢筋的直径 d 均指公称直径。

　　2　消除应力光面钢丝直径 d 为 4~9 mm，消除应力螺旋肋钢丝直径 d 为 4~8 mm。

表 A.2.3-3　普通钢筋强度设计值(N/mm²)

种　类		f_y	f_y'
热轧钢筋	HPB 235(Q235)	210	210
	HRB 335(20MnSi)	300	300
	HRB 400(20MnSiV、20MnSiNb、20MnTi)	360	360
	RRB 400(K20MnSi)	360	360

注：在钢筋混凝土结构中，轴心受拉和小偏心受拉构件的钢筋抗拉强度设计值大于 300 N/mm² 时，仍应按 300 N/mm² 取用。

表 A.2.3-4　预应力钢筋强度设计值(N/mm²)

种　类		f_{ptk}	f_{py}	f_{py}'
钢绞线	1×3	1 860	1 320	390
		1 720	1 220	
		1 570	1 110	
	1×7	1 860	1 320	390
		1 720	1 220	
消除应力钢丝	光面螺旋肋	1 770	1 250	410
		1 670	1 180	
		1 570	1 110	
	刻痕	1 570	1 110	410
热处理钢筋	40Si2Mn	1 470	1 040	400
	48Si2Mn			
	45Si2Cr			

注：当预应力钢绞线、钢丝的强度标准值不符合表 A.2.3-2 的规定时，其强度设计值应进行换算。

A.2.4　钢筋的弹性模量应按表 A.2.4 采用。

表 A.2.4　钢筋的弹性模量 （×10⁵N/mm²）

种类	E_s
HPB 235 级钢筋	2.1
HRB 335 级钢筋、HRB 400 级钢筋、RRB 400 级钢筋、热处理钢筋	2.0
消除应力钢丝(光面钢丝、螺旋肋钢丝、刻痕钢丝)	2.05
钢绞线	1.95

注：必要时钢绞线可采用实测的弹性模量。

附录 B 砖房抗震墙基准面积率

B.0.1 多层砖房抗震墙基准面积率，可按下列规定取值：

1 住宅、单身宿舍、办公楼、学校、医院等，按纵、横两方向分别计算的抗震墙基准面积率，当楼层单位面积重力荷载代表值 g_E 为 12 kN/m^2 时，可按表 B.0.1-1~B.0.1-3 采用，设计基本地震加速度为 0.15g 和 0.30g 时，表中数值按内插法确定；当楼层单位面积重力荷载代表值为其他数值时，表中数值可乘以 $g_E/12$。

2 按纵、横两方向分别计算的楼层抗震墙基准面积率，承重墙可按表 B.0.1-2 ~ B.0.1-3 采用；自承重墙宜按表 B.0.1-1数值的 1.05 倍采用，设计基本地震加速度为 0.15g 和 0.30g 时，表中数值按内插法确定；同一方向有承重墙和自承重墙或砂浆强度等级不同时，可按各自的净面积比相应转换为同样条件下的数值。

3 仅承受过道楼板荷载的纵墙可当作自承重墙；支承双向楼板的墙体，均宜作为承重墙。

B.0.2 底层框架和底层内框架砖房的抗震墙基准面积率，可按下列规定取值：

1 上部各层，均可根据房屋的总层数，按多层砖房的相应规定采用。

2 底层框架砖房的底层，可取多层砖房相应规定值的 0.85 倍；底层内框架砖房的底层，仍可按多层砖房的相应规定采用。

表 B.0.1-1 抗震墙基准面积率(自承重墙)

墙体类别	总层数 n	验算楼层 i	砂 浆 强 度 等 级				
			M0.4	M1	M2.5	M5	M10
横墙和无门窗纵墙	1	1	0.0219	0.0148	0.0095	0.0069	0.0050
	2	2	0.0292	0.0197	0.0127	0.0092	0.0066
		1	0.0366	0.0256	0.0172	0.0129	0.0094
	3	3	0.0328	0.0221	0.0143	0.0104	0.0075
		1~2	0.0478	0.0343	0.0236	0.0180	0.0133
	4	4	0.0350	0.0236	0.0152	0.0111	0.0080
		3	0.0513	0.0358	0.0240	0.0179	0.0131
		1~2	0.0577	0.0418	0.0293	0.0225	0.0169
	5	5	0.0365	0.0246	0.0159	0.0115	0.0083
		4	0.0550	0.0384	0.0257	0.0192	0.0140
		1~3	0.0656	0.0484	0.0343	0.0267	0.0202
	6	6	0.0375	0.0253	0.0163	0.0119	0.0085
		5	0.0575	0.0402	0.0270	0.0201	0.0147
		4	0.0688	0.0490	0.0337	0.0255	0.0190
		1~3	0.0734	0.0543	0.0389	0.0305	0.0282
	墙体平均压应力 σ_0(MPa)		$0.06(n-i+1)$				
每开间有一个窗纵墙	1	1	0.0198	0.0137	0.0090	0.0067	0.0032
	2	2	0.0263	0.0183	0.0120	0.0089	0.0064
		1	0.0322	0.0228	0.0157	0.0120	0.0089
	3	3	0.0298	0.0205	0.0135	0.0101	0.0072
		1~2	0.0411	0.0301	0.0213	0.0164	0.0124
	4	4	0.0318	0.0219	0.0144	0.0106	0.0077
		3	0.0450	0.0320	0.0221	0.0167	0.0124
		1~2	0.0499	0.0362	0.0260	0.0203	0.0155
	5	5	0.0331	0.0228	0.0150	0.0111	0.0080
		4	0.0482	0.0344	0.0237	0.0179	0.0133
		1~3	0.0573	0.0423	0.0303	0.0238	0.0183
	6	6	0.0341	0.0235	0.0155	0.0114	0.0083
		5	0.0505	0.0360	0.0248	0.0188	0.0139
		4	0.0594	0.0430	0.0304	0.0234	0.0177
		1~3	0.0641	0.0475	0.0345	0.0271	0.0209
	墙体平均压应力 σ_0(MPa)		$0.09(n-i+1)$				

表 B.0.1-2 抗震墙基准面积率（承重横墙）

墙体类别	总层数 n	验算楼层 i	砂　浆　强　度　等　级				
			M0.4	M1	M2.5	M5	M10
无门窗横墙	1	1	0.0258	0.0179	0.0118	0.0088	0.0064
	2	2	0.0344	0.0238	0.0158	0.0117	0.0085
		1	0.0413	0.0296	0.0205	0.0156	0.0116
	3	3	0.0387	0.0268	0.0178	0.0132	0.0095
		1~2	0.0528	0.0388	0.0275	0.0213	0.0161
	4	4	0.0413	0.0286	0.0189	0.0140	0.0102
		3	0.0579	0.0414	0.0287	0.0216	0.0163
		1~2	0.0628	0.0464	0.0335	0.0263	0.0241
	5	5	0.0430	0.0297	0.0197	0.0147	0.0106
		4	0.0620	0.0444	0.0308	0.0234	0.0174
		1~3	0.0711	0.0532	0.0388	0.0307	0.0237
	6	6	0.0442	0.0305	0.0203	0.0151	0.0109
		5	0.0649	0.0465	0.0323	0.0245	0.0182
		4	0.0762	0.0554	0.0393	0.0304	0.0230
		1~3	0.0790	0.0592	0.0435	0.0347	0.0270
	墙体平均压应力 σ_0(MPa)		$0.10(n-i+1)$				
有一个门的横墙	1	1	0.0245	0.0171	0.0115	0.0086	0.0062
	2	2	0.0326	0.0228	0.0153	0.0114	0.0085
		1	0.0386	0.0279	0.0196	0.0150	0.0112
	3	3	0.0367	0.0255	0.0172	0.0129	0.0094
		1~2	0.0491	0.0363	0.0260	0.0204	0.0155
	4	4	0.0391	0.0273	0.0183	0.0137	0.0100
		3	0.0541	0.0390	0.0274	0.0210	0.0157
		1~2	0.0581	0.0433	0.0314	0.0249	0.0192
	5	5	0.0408	0.0285	0.0191	0.0142	0.0104
		4	0.0580	0.0418	0.0294	0.0225	0.0169
		1~3	0.0658	0.0493	0.0363	0.0289	0.0225
	6	6	0.0419	0.0293	0.0196	0.0146	0.0107
		5	0.0607	0.0438	0.0308	0.0236	0.0177
		4	0.0708	0.0518	0.0372	0.0289	0.0221
		1~3	0.0729	0.0548	0.0406	0.0326	0.0255
	墙体平均压应力 σ_0(MPa)		$0.12(n-i+1)$				

表 B.0.1-3　抗震墙基准面积率（承重纵墙）

墙体类别	总层数 n	验算楼层 i	承重纵墙（每开间有一个门或一个窗）				
			砂　浆　强　度　等　级				
			M0.4	M1	M2.5	M5	M10
无门窗横墙	1	1	0.0223	0.0158	0.0108	0.0081	0.0060
	2	2	0.0298	0.0211	0.0135	0.0108	0.0080
		1	0.0346	0.0253	0.0180	0.0139	0.0106
	3	3	0.0335	0.0237	0.0162	0.0122	0.0090
		1~2	0.0435	0.0325	0.0235	0.0187	0.0144
	4	4	0.0357	0.0253	0.0173	0.0130	0.0096
		3	0.0484	0.0354	0.0252	0.0195	0.0148
		1~2	0.0513	0.0384	0.0283	0.0226	0.0176
	5	5	0.0372	0.0264	0.0180	0.0136	0.0100
		4	0.0519	0.0379	0.0270	0.0209	0.0159
		1~3	0.0580	0.0437	0.0324	0.0261	0.0205
	6	6	0.0383	0.0271	0.0185	0.0140	0.0108
		5	0.0544	0.0397	0.0283	0.0219	0.0167
		4	0.0627	0.0464	0.0337	0.0266	0.0205
		1~3	0.0640	0.0483	0.0361	0.0292	0.0231
墙体平均压应力 σ_0(MPa)			$0.16(n-i+1)$				

B.0.3　多层内框架砖房的抗震墙基准面积率，可取按多层砖房相应规定值乘以下式计算的调整系数：

$$\eta_{fi} = [1 - \Sigma \psi_c (\zeta_1 + \zeta_2 \lambda) / n_b n_s] \eta_{0i} \tag{B.0.3}$$

式中　η_{fi}——i 层基准面积率调整系数；

η_{0i}——i 层的位置调整系数，按表 B.0.3 采用；

ψ_c、ζ_1、ζ_2、λ、n_b、n_s——按现行国家标准《建筑抗震设计规范》GB 50011 的规定采用。

表 B.0.3　位置调整系数

总层数	2		3			4			5			
检查层数	1	2	1	2	3	1~2	3	4	1~2	3	4	5
η_{0i}	1.0	1.1	1.0	1.05	1.2	1.0	1.1	1.3	1.0	1.05	1.15	1.4

附录 C 钢筋混凝土结构楼层受剪承载力

C. 0. 1 钢筋混凝土结构楼层现有受剪承载力应按下式计算：

$$V_y = \sum V_{cy} + 0.7 \sum V_{my} + 0.7 \sum V_{wy} \qquad （C.0.1）$$

式中 V_y——楼层现有受剪承载力；

$\sum V_{cy}$——框架柱层间现有受剪承载力之和；

$\sum V_{my}$——砖填充墙框架层间现有受剪承载力之和；

$\sum V_{wy}$——抗震墙层间现有受剪承载力之和。

C. 0. 2 矩形框架柱层间现有受剪承载力可按下列公式计算，并取较小值：

$$V_{cy} = \frac{M_{cy}^U + M_{cy}^L}{H_n} \qquad （C.0.2-1）$$

$$V_{cy} = \frac{0.16}{\lambda + 1.5} f_{ck} b h_0 + f_{yvk} \frac{A_{sv}}{s} h_0 + 0.056N \qquad （C.0.2-2）$$

式中 M_{cy}^U、M_{cy}^L——验算层偏压柱上、下端的现有受弯承载力；

λ——框架柱的计算剪跨比，取 $\lambda = H_n / 2h_0$；

N——对应于重力荷载代表值的柱轴向压力，当 $N > 0.3 f_{ck} bh$ 时，取 $N = 0.3 f_{ck} bh$；

A_{sv}——配置在同一截面内箍筋各肢的截面面积；

f_{yvk}——箍筋抗拉强度标准值，按本规程附录 A 表 A.1.3-1 采用；

f_{ck}——混凝土轴心抗压强度标准值，按本规程附录 A 表

A.1.2-1 采用；

　　s——箍筋间距；

　　b——验算方向柱截面宽度；

　　h、h_0——验算方向柱截面高度、有效高度；

　　H_n——框架柱净高。

C.0.3 对称配筋矩形截面偏压柱现有受弯承载力可按下列公式计算：

当 $N \leqslant \xi_{bk} f_{cmk} b h_0$，

$$M_{cy} = f_{yk} A_s (h_0 - a_s') + 0.5 N h (1 - N / f_{cmk} b h) \quad （C.0.3-1）$$

当 $N > \xi_{bk} f_{cmk} b h_0$，

$$M_{cy} = f_{yk} A_s (h_0 - a_s') + \xi (1 - 0.5\xi) f_{cmk} b h_0^2 - N(0.5h - a_s')$$

$$（C.0.3-2）$$

$$\xi = [(\xi_{bk} - 0.8)N - \xi_{bk} f_{yk} A_s] / [(\xi_{bk} - 0.8) f_{cmk} b h_0 - f_{yk} A_s]$$

$$（C.0.3-3）$$

式中　N——对应于重力荷载代表值的柱轴向压力；

　　A_s——柱实有纵向受拉钢筋截面面积；

　　f_{yk}——现有钢筋抗拉强度标准值，按本规程附录 A 表 A.1.3-1 采用；

　　f_{cmk}——现有混凝土弯曲抗压强度标准值，按本规程附录 A 表 A.1.2-1 采用；

　　a_s'——受压钢筋合力点至受压边缘的距离；

　　ξ_{bk}——相对界限受压区高度，HPB 级钢取 0.6，HRB 级钢取 0.55；

h、h_0——柱截面高度和有效高度；

b——柱截面宽度。

C.0.4 砖填充墙钢筋混凝土框架结构的层间现有受剪承载力可按下列公式计算：

$$V_{my} = \sum (M_{cy}^U + M_{cy}^L)/H_0 + f_{vEk}A_m \qquad (C.0.4\text{-}1)$$

$$f_{vEk} = \zeta_N f_{vk} \qquad (C.0.4\text{-}2)$$

式中 ζ_N——砌体强度的正压力影响系数，按本规程 D.0.2 采用；

f_{vk}——砖墙的抗剪强度标准值，按本规程附录 A 表 A.1.1-1 采用；

A_m——砖填充墙水平截面面积，可不计入宽度小于洞口高度 1/4 的墙肢；

H_0——柱的计算高度，两侧有填充墙时，可采用柱净高的 2/3，一侧有填充墙时，可采用柱净高。

C.0.5 带边框柱的钢筋混凝土抗震墙的层间现有受剪承载力可按下式计算：

$$V_{wy} = \frac{1}{\lambda - 0.5}(0.04 f_{ck}A_w + 0.1N) + 0.8 f_{yvk}\frac{A_{sh}}{s}h_0 \qquad (C.0.5)$$

式中 N——对应于重力荷载代表值的柱轴向压力，当 $N > 0.3 f_{ck}bh$ 时，取 $N = 0.3 f_{ck}bh$；

A_m——抗震墙的截面面积；

A_{sh}——配置在同一水平截面内的水平钢筋截面面积；

λ——抗震墙的计算剪跨比，其值可采用计算楼层至该抗震墙顶的 1/2 高度与抗震墙截面高度之比，当小于 1.5 时取 1.5，当大于 2.2 时取 2.2。

附录 D　砌体结构抗震承载力验算

D.1　Ⅱ类建筑

D.1.1　Ⅱ类砌体房屋的抗震分析，可采用底部剪力法，并可按现行国家标准《建筑抗震设计规范》GB 50011 规定只选择从属面积较大或竖向应力较小的墙段进行抗震承载力验算；当抗震措施不满足本规程第 5.3.1 ~ 5.3.11 条的要求时，可按本规程第 5.2 节第二级鉴定的方法综合考虑构造的整体影响和局部影响，其中，当构造柱或芯柱的设置不满足本节的相关规定时，体系影响系数尚应根据不满足程度乘以 0.8 ~ 0.95 的系数。当场地处于本规程第 4.1.3 条规定的不利地段时，尚应乘以增大系数 1.1 ~ 1.6。

D.1.2　各类砌体沿阶梯形截面破坏的抗震抗剪强度设计值，应按下式确定：

$$f_{vE} = \zeta_N f_v \qquad (D.1.2)$$

式中　f_{vE}——砌体沿阶梯形截面破坏的抗震抗剪强度设计值；

　　　　f_v——非抗震设计的砌体抗剪强度设计值，按本规程表 A.1.1-2 采用；

　　　　ζ_N——砌体抗震抗剪强度的正应力影响系数，按表 D.1.2 采用。

表 D.1.2 砌体抗震抗剪强度的正应力影响系数

砌体类别	σ_0/f_V								
	0.0	1.0	3.0	5.0	7.0	10.0	15.0	20.0	25.0
普通砖、多孔砖	0.80	1.00	1.28	1.50	1.70	1.95	2.32	—	—
粉煤灰中砌块 混凝土中砌块	—	1.18	1.54	1.90	2.20	2.65	3.40	4.15	4.90
混凝土小砌块	—	1.25	1.75	2.25	2.60	3.10	3.95	4.80	—

注：σ_0 为对应于重力荷载代表值的砌体截面平均压应力。

D.1.3 普通砖、多孔砖、粉煤灰中砌块和混凝土中砌块墙体的截面抗震承载力，应按下式验算：

$$V \leqslant f_{vE}A/\gamma_{Ra} \qquad (D.1.3)$$

式中 V——墙体剪力设计值；

f_{vE}——砌体沿阶梯形截面破坏的抗震抗剪强度设计值；

A——墙体横截面面积；

γ_{Ra}——抗震鉴定的承载力调整系数,应按本规程第 3.1.8 条采用。

D.1.4 当按式（D.1.3）验算不满足时，可计入设置于墙段中部、截面不小于 240 mm × 240 mm 且间距不大于 4 m 的构造柱对受剪承载力的提高作用，按下列简化方法验算：

$$V \leqslant [\eta_c f_{vE}(A - A_c) + \zeta f_t A_c + 0.08 f_y A_s] \qquad (D.1.4)$$

式中 A_c——中部构造柱的横截面总面积（对横墙和内纵墙，$A_c > 0.15A$ 时，取 $0.15A$；对外纵墙，$A_c > 0.25A$ 时，取 $0.25A$）；

f_t——中部构造柱的混凝土轴心抗拉强度设计值,按本规程表 A.1.2-2 采用；

A_s——中部构造柱的纵向钢筋截面总面积（配筋率不小于 0.6%，大于 1.4%取 1.4%）；

f_y——钢筋抗拉强度设计值，按本规程表 A.0.3-2 采用；

ζ——中部构造柱参与工作系数，居中设一根时取 0.5，多于一根取 0.4；

η_c——墙体约束修正系数，一般情况下取 1.0，构造柱间距不大于 2.8 m 时取 1.1。

D.1.5 横向配筋普通砖、多孔砖墙的截面抗震承载力，可按下式验算：

$$V \leqslant (f_{vE}A + 0.15 f_y A_s) \tag{D.1.5}$$

式中 A_s——层间竖向截面中钢筋总截面面积。

D.1.6 混凝土小砌块墙体的截面抗震承载力，应按下式验算：

$$V \leqslant [f_{vE}A + (0.3 f_t A_c + 0.05 f_y A_s)\zeta_c] \tag{D.1.6}$$

式中 f_t——芯柱混凝土轴心抗拉强度设计值，按本规程表 A.1.2-2 采用；

A_c——芯柱截面总面积；

A_s——芯柱钢筋截面总面积；

ζ_c——芯柱影响系数，可按表 D.1.6 采用。

表 D.1.6　芯柱影响系数

填空率 ρ	$\rho < 0.15$	$0.15 \leqslant \rho < 0.25$	$0.25 \leqslant \rho < 0.5$	$\rho \geqslant 0.5$
ζ_c	0.0	1.0	1.10	1.15

注：填孔率指芯柱根数与孔洞总数之比。

D. 1. 7 各层层高相当且较规则均匀的Ⅱ类多层砌体房屋，尚可按本规程第 5.2.10 ~ 5.2.12 条的规定采用楼层综合抗震能力指数的方法进行综合抗震能力验算。其中，公式(5.2.10)中的烈度影响系数，6、7、8、9 度时应分别按 0.7、1.0、2.0 和 4.0 采用，设计基本地震加速度为 0.15g 和 0.30g 时应分别按 1.5 和 3.0 采用。

D.2 Ⅲ类建筑

D. 2. 1 Ⅲ类砌体房屋的抗震分析，可采用底部剪力法，并可按现行国家标准《建筑抗震设计规范》GB 50011 规定只选择从属面积较大或竖向应力较小的墙段进行抗震承载力验算；当抗震措施不满足本规程第 5.4.1 ~ 5.4.11 条要求时，可按本规程第 5.2 节第二级鉴定的方法综合考虑构造的整体影响和局部影响，其中，当构造柱或芯柱的设置不满足本节的相关规定时，体系影响系数尚应根据不满足程度乘以 0.8 ~ 0.95 的系数。当场地处于本规程第 4.1.3 条规定的不利地段时，尚应乘以增大系数 1.1 ~ 1.6。

D. 2. 2 各类砌体沿阶梯形截面破坏的抗震抗剪强度设计值，应按下式确定：

$$f_{vE} = \zeta_N f_v \tag{D.2.2}$$

式中　f_{vE}——砌体沿阶梯形截面破坏的抗震抗剪强度设计值；

　　　f_v——非抗震设计的砌体抗剪强度设计值，按本规程表

A.2.2-2 采用；

ζ_N——砌体抗震抗剪强度的正应力影响系数，按表 D.2.2 采用。

表 D.2.2 砌体抗震抗剪强度的正应力影响系数

砌体类别	σ_0/f_v								
	0.0	1.0	3.0	5.0	7.0	10.0	15.0	20.0	25.0
普通砖、多孔砖	0.80	1.00	1.28	1.50	1.70	1.95	2.32	—	—
粉煤灰中砌块 混凝土中砌块	—	1.16	1.52	1.88	2.00	2.40	3.10	3.80	4.50
混凝土小砌块	—	1.25	1.75	2.25	2.60	3.10	3.95	4.80	—

注：σ_0 为对应于重力荷载代表值的砌体截面平均压应力。

D.2.3 普通砖、多孔砖、粉煤灰中砌块和混凝土中砌块墙体的截面抗震承载力，应按下式验算：

$$V \leqslant f_{vE}A/\gamma_{Ra} \tag{D.2.3}$$

式中 V——墙体剪力设计值；

f_{vE}——砌体沿阶梯形截面破坏的抗震抗剪强度设计值；

A——墙体横截面面积；

γ_{Ra}——抗震鉴定的承载力调整系数，应按本规程第 3.1.8 条采用。

D.2.4 当按式（D.2.3）验算不满足时，可计入设置于墙段中部、截面不小于 240 mm × 240 mm 且间距不大于 4 m 的构造柱对受剪承载力的提高作用，按下列简化方法验算：

$$V \leqslant [\eta_c f_{vE}(A - A_c) + \zeta f_t A_c + 0.08 f_y A_s] \tag{D.2.4}$$

式中 A_c——中部构造柱的横截面总面积（对横墙和内纵墙，

$A_c>0.15A$ 时，取 $0.15A$；对外纵墙，$A_c>0.25A$ 时，取 $0.25A$)；

f_t——中部构造柱的混凝土轴心抗拉强度设计值，按本规程表 A.0.6-2 采用；

A_s——中部构造柱的纵向钢筋截面总面积（配筋率不小于 0.6%，大于 1.4%取 1.4%）；

f_y——钢筋抗拉强度设计值，按本规程表 A.2.3-2 采用；

ζ——中部构造柱参与工作系数；居中设一根时取 0.5，多于一根取 0.4；

η_c——墙体约束修正系数；一般情况下取 1.0，构造柱间距不大于 2.8 m 时取 1.1。

D.2.5 横向配筋普通砖、多孔砖墙的截面抗震承载力，可按下式验算：

$$V \leqslant (f_{vE}A + \zeta_s f_y A_s) \qquad (D.2.5)$$

式中 A——墙体横截面面积，多孔砖取毛截面面积；

f_y——钢筋抗拉强度设计值；

A_s——层间竖向截面中钢筋总截面面积，其配筋率应不小于 0.07%且不大于 0.17%；

ζ_s——钢筋参与工作系数，可按表 D.2.5 采用。

表 D.2.5　钢筋参与工作系数

墙体高宽比	0.4	0.6	0.8	1.0	1.2
ζ_s	0.10	0.12	0.14	0.15	0.12

D.2.6 混凝土小砌块墙体的截面抗震承载力，应按下式验算：

$$V \leqslant [\, f_{vE}A + (0.3\, f_t A_c + 0.05\, f_y A_s)\zeta_c\,] \qquad (D.2.6)$$

式中　f_t——芯柱混凝土轴心抗拉强度设计值，按本规程表 A.2.2-2 采用；

　　　A_c——芯柱截面总面积；

　　　A_s——芯柱钢筋截面总面积；

　　　ζ_c——芯柱影响系数，可按表 D.2.6 采用。

表 D.2.6　芯柱影响系数

填空率 ρ	$\rho < 0.15$	$0.15 \leqslant \rho < 0.25$	$0.25 \leqslant \rho < 0.5$	$\rho \geqslant 0.5$
ζ_c	0.0	1.0	1.10	1.15

注：填孔率指芯柱根数与孔洞总数之比。

D.2.7　各层层高相当且较规则均匀的Ⅲ类多层砌体房屋，尚可按本规程第 5.2.10～5.2.12 条的规定采用楼层综合抗震能力指数的方法进行综合抗震能力验算。其中，公式（D.2.2）中的烈度影响系数，6、7、8、9 度时应分别按 0.7、1.0、2.0 和 4.0 采用，设计基本地震加速度为 0.15g 和 0.30g 时应分别按 1.5 和 3.0 采用。

附录 E 钢筋混凝土构件组合内力设计值调整

E.1 Ⅱ类建筑

E.1.1 框架梁和抗震墙中跨高比大于 2.5 的连梁，端部截面组合的剪力设计值应符合下列规定：

一级 $V = 1.05(M_{bua}^l + M_{bua}^r)/l_n + V_{Gb}$ (E.1.1-1)

或 $V = 1.05\lambda_b(M_b^l + M_b^r)/l_n + V_{Gb}$ (E.1.1-2)

二级 $V = 1.05(M_b^l + M_b^r)/l_n + V_{Gb}$ (E.1.1-3)

三级 $V = (M_b^l + M_b^r)/l_n + V_{Gb}$ (E.1.1-4)

式中 λ_b——梁实配增大系数，可按梁的左右端纵向受拉钢筋的实际配筋面积之和与计算面积之和的比值的 1.1 倍采用；

     l_n——梁的净跨；

     V_{Gb}——梁在重力荷载代表值(9 度时高层建筑还应包括竖向地震作用标准值)作用下，按简支梁分析的梁端截面剪力设计值；

     M_b^l、M_b^r——梁的左右端顺时针或反时针方向截面组合的弯矩设计值；

     M_{bua}^l、M_{bua}^r——梁左右端顺时针或反时针方向实配的正截面抗震受弯承载力所对应的弯矩值，可根据实际配筋面积和材料强度标准值确定。

E.1.2 一、二级框架的梁柱节点处，除顶层和柱轴压比小于 0.15 者外，梁柱端弯矩应分别符合下列公式要求：

一级　　　$\sum M_c = 1.1\sum M_{bua}$　　　　　　(E.1.2-1)

或　　　　$\sum M_c = 1.1\lambda_j\sum M_b$　　　　　　(E.1.2-2)

二级　　　$\sum M_c = 1.1\sum M_b$　　　　　　(E.1.2-3)

式中　$\sum M_c$——节点上下柱端顺时针或反时针方向截面组合的弯矩设计值之和，上下柱端的弯矩，一般情况可按弹性分析分配；

　　　$\sum M_b$——节点左右梁端反时针或顺时针方向截面组合的弯矩设计值之和；

　　　$\sum M_{bua}$——节点左右梁端反时针或顺时针方向实配的正截面抗震受弯承载力所对应的弯矩值之和；

　　λ_j——柱实配弯矩增大系数，可按节点左右梁端纵向受拉钢筋的实际配筋面积之和与计算面积之和的比值的 1.1 倍采用。

E.1.3　一、二级框架结构的底层柱底和框支层柱两端组合的弯矩设计值，分别乘以增大系数 1.5、1.25。

E.1.4　框架柱和框支柱端部截面组合的剪力设计值，一、二级应按下列各式调整，三级可不调整。

一级　　　$V = 1.1(M_{cua}^u + M_{cua}^l)/H_n$　　　　(E.1.4-1)

或　　　　$V = 1.1\lambda_c(M_c^u + M_c^l)/H_n$　　　　(E.1.4-2)

二级　　　$V = 1.1(M_c^u + M_c^l)/H_n$　　　　(E.1.4-3)

式中　λ_c——柱实配增大系数，可按偏压柱上、下端实配的正截面抗震承载力所对应的弯矩值之和与其组合的弯矩设计值之和的比值采用；

H_n——柱的净高；

M_c^u、M_c^l——柱上、下端顺时针或反时针方向截面组合的弯矩设计值，应符合本附录 E.1.2、E.1.3 条的要求；

M_{cua}^u、M_{cua}^l——柱上、下端顺时针或反时针方向实配的正截面抗震承载力所对应的弯矩值，可根据实际配筋面积、材料强度标准值和轴压力等确定。

E.1.5 框架节点核心区组合的剪力设计值，一、二级可按下列各式调整：

$$一级 \qquad V_j = \frac{1.05\sum M_{bua}}{h_{b0} - a_s'}\left(1 - \frac{h_{b0} - a_s'}{H_c - h_b}\right) \tag{E.1.5-1}$$

$$或 \qquad V_j = \frac{1.05\lambda_j\sum M_b}{h_{b0} - a_s'}\left(1 - \frac{h_{b0} - a_s'}{H_c - h_b}\right) \tag{E.1.5-2}$$

$$二级 \quad V_j = \frac{1.05\sum M_b}{h_{b0} - a_s'}\left(1 - \frac{h_{b0} - a_s'}{H_c - h_b}\right) \tag{E.1.5-3}$$

式中 V_j——节点核心区组合的剪力设计值；

h_{b0}——梁截面的有效高度，节点两侧梁截面高度不等时可采用平均值；

a_s'——梁受压钢筋合力点至受压边缘的距离；

H_c——柱的计算高度，可采用节点上、下柱反弯点之间的距离；

h_b——梁的截面高度，节点两侧梁截面高度不等时可采用平均值。

E.1.6 抗震墙底部加强部位截面组合的剪力设计值，一、二级应乘以下列增大系数，三级可不乘增大系数：

235

$$一级 \qquad \eta_v = 1.1 \frac{M_{wua}}{M_w} = 1.1\lambda_w \qquad\qquad (E.1.6\text{-}1)$$

$$二级 \qquad \eta_v = 1.1 \qquad\qquad (E.1.6\text{-}2)$$

式中 η_v——墙剪力增大系数；

λ_w——墙实配增大系数，可按抗震墙底部实配的正截面抗震承载力所对应的弯矩值与其组合的弯矩设计值的比值采用；

M_{wua}——抗震墙底部实配的正截面抗震承载力所对应的弯矩值，按实际配筋面积、材料强度标准值和轴向力等确定；

M_w——抗震墙底部组合的弯矩设计值。

E.1.7 双肢抗震墙中，当任一墙肢全截面平均出现拉应力且处于大偏心受拉状态时，另一墙肢组合的剪力设计值、弯矩设计值应乘以增大系数 1.25。

E.1.8 一级抗震墙中，单肢墙、小开洞墙或弱连梁联肢墙各截面组合的弯矩设计值，应按下列规定采用：

1 底部加强部位各截面均应按墙底组合的弯矩设计值采用，墙顶组合的弯矩设计值应按顶部的约束弯矩设计值采用，中间各截面组合的弯矩设计值应按上述二者间的线性变化采用。

2 底部加强部位的最上部截面按纵向钢筋实际面积和材料强度标准值计算的实际正截面承载力，不应大于相邻的一般部位实际的正截面承载力。

E.2 Ⅲ类建筑

E.2.1 框架梁和抗震墙中跨高比大于 2.5 的连梁，端部截面组合的剪力设计值应符合下列规定：

一、二、三级：

$$V = \eta_{vb}(M_b^l + M_b^r)/l_n + V_{Gb} \qquad \text{(E.2.1-1)}$$

一级框架结构及 9 度时尚应符合

$$V = 1.1(M_{bua}^l + M_{bua}^r)/l_n + V_{Gb} \qquad \text{(E.2.1-2)}$$

式中　V——梁端截面组合的剪力设计值；

　　l_n——梁的净跨；

　　V_{Gb}——梁在重力荷载代表值（9 度时高层建筑还应包括竖向地震作用标准值）作用下，按简支梁分析的梁端截面剪力设计值；

　　M_b^l、M_b^r——梁左右端截面反时针或顺时针方向组合的弯矩设计值，一级框架两端弯矩均为负弯矩时，绝对值较小的弯矩应取零；

　　M_{bua}^l、M_{bua}^r——梁左右端顺时针或反时针方向实配的正截面抗震受弯承载力所对应的弯矩值，可根据实际配筋面积和材料强度标准值确定；

　　η_{vb}——梁端剪力增大系数，一级取 1.3，二级取 1.2，三级取 1.1。

E.2.2　一、二、三级框架的梁柱节点处，除框架顶层和柱轴压比小于 0.15 者及框支梁与框支柱的节点外，柱端组合的弯矩设计值应符合下式要求：

$$\sum M_c = \eta_c \sum M_b \qquad \text{(E.2.2-1)}$$

一级框架结构及 9 度时尚应符合

$$\sum M_c = 1.2 \sum M_{bua} \qquad \text{(E.2.2-2)}$$

式中　$\sum M_c$——节点上下柱端截面顺时针或反时针方向组合的弯矩设计值之和，上下柱端的弯矩设计值，可按弹性分析分配；

　　$\sum M_b$——节点左右梁端截面反时针或顺时针方向组合的弯矩设计值之和，一级框架节点左右梁端均为负弯矩时，绝对值较小的弯矩应取零；

　　$\sum M_{bua}$——节点左右梁端截面反时针或顺时针方向实配的正截面抗震受弯承载力所对应弯矩值之和，根据实配钢筋面积(计入受压筋)和材料强度标准值确定；

　　η_c——柱端弯矩增大系数，一级取 1.4，二级取 1.2，三级取 1.1。

E.2.3　一、二级框支柱的顶层柱上端和底层柱下端，其组合的弯矩设计值应分别乘以增大系数 1.5 和 1.25。

E.2.4　一、二、三级的框架柱和框支柱组合的剪力设计值应按下式调整：

$$V = \eta_c (M_c^b + M_c^l) / H_n \tag{E.2.4-1}$$

一级框架结构及 9 度时尚应符合

$$V = 1.2 (M_{cua}^b + M_{cua}^l) / H_n \tag{E.2.4-2}$$

式中　V——柱端截面组合的剪力设计值，框支柱的剪力设计值尚应符合本节第 E.2.3 条的规定；

　　H_n——柱的净高；

　　M_c^l、M_c^b——柱的上下端顺时针或反时针方向截面组合的弯矩设计值，应符合本附录 E.2.2 的规定；框支柱的弯矩设计值尚应符合本附录 E.2.3 的规定；

M_{cua}^l、M_{cua}^b ——偏心受压柱的上下端顺时针或反时针方向实配的正截面抗震受弯承载力所对应的弯矩值,根据实配钢筋面积、材料强度标准值和轴压力等确定。

E.2.5 一、二级框架梁柱节点核芯区组合的剪力设计值,应按下列公式确定:

$$V_j = \frac{\eta_{jb} \sum M_b}{h_{b0} - a_s'}\left(1 - \frac{h_{b0} - a_s'}{H_c - h_b}\right) \qquad (E.2.5\text{-}1)$$

9度时和一级框架结构尚应符合

$$V_j = \frac{1.15 \sum M_{bua}}{h_{b0} - a_s'}\left(1 - \frac{h_{b0} - a_s'}{H_c - h_b}\right) \qquad (E.2.5\text{-}2)$$

式中 V_j ——节点核芯区组合的剪力设计值;

h_{b0} ——梁截面的有效高度,节点两侧梁截面高度不等时可采用平均值;

a_s' ——梁受压钢筋合力点至受压边缘的距离;

H_c ——柱的计算高度,可采用节点上、下柱反弯点之间的距离;

h_b ——梁的截面高度,节点两侧梁截面高度不等时可采用平均值;

η_{jb} ——节点剪力增大系数,一级取1.35,二级取1.2;

$\sum M_b$ ——节点左右梁端反时针或顺时针方向组合弯矩设计值之和,一级时节点左右梁端均为负弯矩,绝对值较小的弯矩应取零;

$\sum M_{buE}$ ——节点左右梁端反时针或顺时针方向实配的正截面抗震受弯承载力所对应的弯矩值之和,根据实配钢筋面积（计入受压筋）和材料强度标准值确定。

E.2.6 一、二、三级的抗震墙底部加强部位，其截面组合的剪力设计值应按下式调整：

$$V = \eta_{vw} V_w \qquad\qquad\qquad \text{(E.2.6-1)}$$

9 度时尚应符合

$$V = 1.1 \frac{M_{wua}}{M_w} \qquad\qquad\qquad \text{(E.2.6-2)}$$

式中　　V——抗震墙底部加强部位截面组合的剪力设计值；

　　　　V_w——抗震墙底部加强部位截面组合的剪力计算值；

　　　　M_{wua}——抗震墙底部截面实配的抗震受弯承载力所对应的弯矩值，根据实配纵向钢筋面积、材料强度标准值和轴力等计算，有翼墙时应计入墙两侧各一倍翼墙厚度范围内的纵向钢筋；

　　　　M_w——抗震墙底部截面组合的弯矩设计值；

　　　　η_{vw}——抗震墙剪力增大系数，一级为 1.6，二级为 1.4，三级为 1.2。

E.2.7 双肢抗震墙中，墙肢不宜出现小偏心受拉；当任一墙肢为大偏心受拉时，另一墙肢的剪力设计值、弯矩设计值应乘以增大系数 1.25。

E.2.8 抗震墙各墙肢截面组合的弯矩设计值，应按下列规定采用：

　　1 一级抗震墙的底部加强部位及以上一层，应按墙肢底部截面组合弯矩设计值采用；其他部位，墙肢截面的组合弯矩设计值应乘以增大系数，其值可采用 1.2。

2 部分框支抗震墙结构的落地抗震墙墙肢不宜出现小偏心受拉。

3 双肢抗震墙中，墙肢不宜出现小偏心受拉；当任一墙肢为大偏心受拉时，另一墙肢的剪力设计值、弯矩设计值应乘以增大系数 1.25。

附录F 钢筋混凝土构件截面抗震验算

F.1 Ⅱ类建筑

F. 1. 1 框架梁、柱、抗震墙和连梁，其端部截面组合的剪力设计值应符合下式要求：

$$V \leqslant \frac{1}{\gamma_{Ra}}(0.2f_c b h_0) \tag{F.1.1}$$

式中 V ——端部截面组合的剪力设计值，应按本规程附录 D 的规定采用；

f_c ——混凝土轴心抗压强度设计值，按本规程表 A.1.2-2 采用；

b ——梁、柱截面宽度或抗震墙墙板厚度；

h_0 ——截面有效高度，抗震墙可取截面高度。

F. 1. 2 框架梁的正截面抗震承载力应按下式计算：

$$M_b \leqslant \frac{1}{\gamma_{Ra}}\left[f_{cm}bx\left(h_0 - \frac{x}{2}\right) + f_y'A_s'(h_0 - a_s') \right] \tag{F.1.2-1}$$

混凝土受压区高度按下式计算：

$$f_{cm}bx = f_y A_s - f_y'A_s' \tag{F.1.2-2}$$

式中 M_b ——框架梁组合的弯矩设计值，应按本规程附录 E.1 的规定采用；

f_{cm} ——混凝土弯曲抗压强度设计值，按本规程表 A.1.2-2 采用；

242

f_y、f_y'——受拉、受压钢筋屈服强度设计值，按本规程表 A.1.3-2 采用；

A_s、A_s'——受拉、受压纵向钢筋截面面积；

a_s'——受压区纵向钢筋合力点至受压区边缘的距离；

x——混凝土受压区高度，一级框架应满足 $x \leqslant 0.25h_0$ 的要求，二、三级框架应满足 $x \leqslant 0.35h_0$ 的要求。

F. 1. 3 框架梁的斜截面抗震承载力应按下式计算：

$$V_b \leqslant \frac{1}{\gamma_{Ra}} \left(0.056 f_c b h_0 + 1.2 f_{yv} \frac{A_{sv}}{s} h_0 \right) \qquad \text{(F.1.3-1)}$$

对集中荷载作用下的框架梁（包括有多种荷载，且其中集中荷载对节点边缘产生的剪力值占总剪力值的 75%以上的情况），其斜截面抗震承载力应按下式计算：

$$V_b \leqslant \frac{1}{\gamma_{Ra}} \left(\frac{0.16}{\lambda + 1.5} f_c b h_0 + f_{yv} \frac{A_{sv}}{s} h_0 \right) \qquad \text{(F.1.3-2)}$$

式中 V_b——框架梁组合的剪力设计值，应按本规程附录 E 的规定采用；

f_{yv}——箍筋的抗拉强度设计值；

A_{sv}——配置在同一截面内箍筋各肢的全部截面面积；

s——箍筋间距；

λ——计算截面的剪跨比。

F. 1. 4 偏心受压框架柱、抗震墙的正截面抗震承载力应符合下列规定：

1 验算公式：

$$N \leqslant \frac{1}{\gamma_{\text{Ra}}}(f_{\text{cm}}bx + f'_y A'_s - \sigma_s A_s) \tag{F.1.4-1}$$

$$Ne \leqslant \frac{1}{\gamma_{\text{Ra}}}\left[f_{\text{cm}}bx\left(h_0 - \frac{x}{2}\right) + f'_y A'_s(h_0 - a'_s)\right] \tag{F.1.4-2}$$

$$e = \eta e_i + \frac{h}{2} - a \tag{F.1.4-3}$$

$$e_i = e_0 + 0.12(0.3h_0 - e_0) \tag{F.1.4-4}$$

式中 N——组合的轴向压力设计值；

e——轴向力作用作用点至普通受拉钢筋合力点之间的距离；

e_0——轴向力对截面重心的偏心距，$e_0 = M/N$；

η——偏心受压构件考虑挠曲影响的轴向力偏心距增大系数，按现行国家标准《混凝土结构设计规范》GB 50010 的规定计算；

σ_s——纵向钢筋的应力，按本条第 2 款的规定采用。

2　纵向钢筋的应力计算应符合下列规定：

大偏心受压 $\sigma_s = f_y$ \hfill (F.1.4-5)

小偏心受压 $\sigma_s = \dfrac{f_y}{\xi_b - 0.8}\left(\dfrac{x}{h_{0i}} - 0.8\right)$ \hfill (F.1.4-6)

$$\xi_b = \frac{0.8}{1 + f_y/0.0033E_s} \tag{F.1.4-7}$$

式中 E_s——钢筋的弹性模量，按本规程附录 A 表 A.1.4 采用；

h_{0i}——第 i 层纵向钢筋截面重心至混凝土受压区边缘的距离。

F. 1. 5 偏心受拉框架柱、抗震墙的正截面抗震承载力应按下式计算：

1 小偏心受拉构件

$$Ne \leqslant \frac{1}{\gamma_{\text{Ra}}} f'_y A'_s (h_0 - a'_s) \qquad \text{(F.1.5-1)}$$

$$Ne' \leqslant \frac{1}{\gamma_{\text{Ra}}} f'_y A_s (h_0 - a_s) \qquad \text{(F.1.5-2)}$$

2 大偏心受拉构件

$$N \leqslant \frac{1}{\gamma_{\text{Ra}}} (f_y A_s - f'_y A'_s) \qquad \text{(F.1.5-3)}$$

$$Ne \leqslant \frac{1}{\gamma_{\text{Ra}}} \left[f_{\text{cm}} bx \left(h_0 - \frac{x}{2} \right) + f'_y A'_s (h_0 - a'_s) \right] \qquad \text{(F.1.5-4)}$$

F. 1. 6 框架柱的斜截面抗震承载力应按下式计算：

$$V_c \leqslant \frac{1}{\gamma_{\text{Ra}}} \left(\frac{0.16}{\lambda + 1.5} f_c b h_0 + f_{yv} \frac{A_{sv}}{s} h_0 + 0.056N \right) \qquad \text{(F.1.6-1)}$$

当框架柱出现拉力时，其斜截面抗震承载力应按下式计算：

$$V_c \leqslant \frac{1}{\gamma_{\text{Ra}}} \left(\frac{0.16}{\lambda + 1.5} f_c b h_0 + f_{yv} \frac{A_{sv}}{s} h_0 - 0.16N \right) \qquad \text{(F.1.6-2)}$$

式中　V_c——框架柱组合的剪力设计值，应按本规程附录 E 的规定采用；

　　　λ——框架柱的计算剪跨比，$\lambda = H_n / 2h_0$，当 $\lambda < 1$ 时取 $\lambda = 1$，当 $\lambda > 3$ 时取 $\lambda = 3$；

　　　N——框架柱组合的轴向压力设计值，当 $N > 0.3 f_c A$ 时，

取 $N = 0.3 f_c A$。

F. 1. 7 抗震墙的斜截面抗震承载力应按下列公式计算：

偏心受压

$$V_w \leqslant \frac{1}{\gamma_{Ra}} \left[\frac{1}{\lambda - 0.5} \left(0.04 f_c b h_0 + 0.1 N \frac{A_w}{A} \right) + 0.8 f_{yv} \frac{A_{sh}}{s} h_0 \right] \quad \text{(F.1.7-1)}$$

偏心受拉

$$V_w \leqslant \frac{1}{\gamma_{Ra}} \left[\frac{1}{\lambda - 0.5} \left(0.04 f_c b h_0 - 0.1 N \frac{A_w}{A} \right) + 0.8 f_{yv} \frac{A_{sh}}{s} h_0 \right] \quad \text{(F.1.7-2)}$$

式中 V_w——抗震墙组合的剪力设计值，应按本规程附录 E 的规定采用；

λ——计算截面处的剪跨比，$\lambda = M / V h_0$，当 $\lambda < 1.5$ 时取 $\lambda = 1.5$，当 $\lambda > 2.2$ 时取 $\lambda = 2.2$。

F. 1. 8 节点核心区组合的剪力设计值应符合下列规定：

1 验算公式：

$$V_j \leqslant \frac{1}{\gamma_{Ra}} (0.3 \eta_j f_c b_j h_j) \quad \text{(F.1.8-1)}$$

$$V_j \leqslant \frac{1}{\gamma_{Ra}} \left(0.1 \eta_j f_c b_j h_j + 0.1 \eta_j N \frac{b_j}{b_c} + f_{yv} A_{svj} \frac{h_{b0} - a_s'}{s} \right) \quad \text{(F.1.8-2)}$$

式中 V_j——节点核心区组合的剪力设计值，应按本规程第 E.1.5 条的规定采用；

η_j——交叉梁的约束影响系数，四侧各梁截面宽度不小于该侧柱截面宽度的 1/2，且次梁高度不小于主梁高度的 3/4，可采用 1.5，其他情况均可采用 1.0；

N——对应于组合的剪力设计值的上柱轴向压力，其取值不应大于柱截面面积和混凝土抗压强度设计值乘积的 50%；

246

f_{yv}——箍筋的抗拉强度设计值；

A_{svj}——核心区验算宽度范围内同一截面验算方向各肢箍筋的总截面面积；

s——箍筋间距；

b_{j}——节点核心区的截面宽度，按本条第 2 款的规定采用；

h_{j}——节点核心区的截面高度，可采用验算方向的柱截面高度；

γ_{Ra}——承载力抗震调整系数，可采用 0.85。

2 核心区截面宽度应符合下列规定：

1）当验算方向的梁截面宽度不小于该侧柱截面宽度的 1/2 时，可采用该侧柱截面宽度，当小于时可采用下列二者的较小值：

$$b_{j} = b_{b} + 0.5h_{c} \qquad \text{(F.1.8-3)}$$

$$b_{j} = b_{c} \qquad \text{(F.1.8-4)}$$

式中　　b_{b}——梁截面宽度；

h_{c}——验算方向的柱截面高度；

b_{c}——验算方向的柱截面宽度。

2）当梁柱的中线不重合时，核心区的截面宽度可采用上款和下式计算结果的较小值：

$$b_{j} = 0.5(b_{b} + b_{c}) + 0.25h_{c} - e \qquad \text{(F.1.8-5)}$$

式中　　e——梁与柱中线偏心距。

F. 1. 9 抗震墙结构框支层楼板的截面抗震验算，应符合下列规定：

1 验算公式：

$$V_f \leqslant \frac{1}{\gamma_{Ra}}(0.1f_c b_f t_f) \tag{F.1.9-1}$$

$$V_f \leqslant \frac{1}{\gamma_{Ra}}(0.6f_y A_s) \tag{F.1.9-2}$$

式中　V_f——由不落地抗震墙传到落地抗震墙处框支层楼板组合的剪力设计值；

　　　b_f——框支层楼板的宽度；

　　　t_f——框支层楼板的厚度；

　　　A_s——穿过落地抗震墙的框支层楼盖（包括梁和板）的全部钢筋的截面面积；

　　　γ_{Ra}——承载力抗震调整系数，可采用 0.85。

2　框支层楼板应采用现浇，厚度不宜小于 180 mm，混凝土强度等级不宜低于 C30，应采用双层双向配筋，且每方向的配筋率不应小于 0.25%。

3　框支层楼板的边缘和洞口周边应设置边梁，其宽度不宜小于板厚的 2 倍，纵向钢筋配筋率不应小于 1%且接头宜采用焊接；楼板中钢筋应锚固在边梁内。

4　当建筑平面较长或不规则或各抗震墙的内力相差较大时，框支层楼板尚应验算楼板平面内的受弯承载力，验算时可考虑框支层楼板受拉区钢筋与边梁钢筋的共同作用。

F.1.10　本附录未作规定的钢筋混凝土构件截面抗震验算，按现行国家标准的规定进行。

F.2 Ⅲ类建筑

F.2.1 钢筋混凝土结构的梁、柱、抗震墙和连梁，其截面组合的剪力设计值应符合下列要求：

跨高比大于 2.5 的梁和连梁及剪跨比大于 2 的柱和抗震墙：

$$V \leqslant \frac{1}{\gamma_{Ra}}(0.2 f_c b h_0) \qquad \text{(F.2.1-1)}$$

跨高比不大于 2.5 的连梁、剪跨比不大于 2 的柱和抗震墙、部分框支抗震墙结构的框支柱和框支梁以及落地抗震墙的底部加强部位：

$$V \leqslant \frac{1}{\gamma_{Ra}}(0.15 f_c b h_0) \qquad \text{(F.2.1-2)}$$

剪跨比应按下式计算：

$$\lambda = M^c / (V^c h_0) \qquad \text{(F.2.1-3)}$$

式中 λ——剪跨比，应按柱端或墙端截面组合的弯矩计算值 M^c、对应的截面组合剪力计算值 V^c 及截面有效高度 h_0 确定，并取上下端计算结果的较大值，反弯点位于柱高中部的框架柱可按柱净高与 2 倍柱截面高度之比计算；

V——端部截面组合的剪力设计值，应按本规程附录 E 的规定采用；

f_c——混凝土轴心抗压强度设计值，按本规程表 A.2.2-2 采用；

b——梁、柱截面宽度或抗震墙墙肢截面宽度，圆形截面柱可按面积相等的方形截面计算；

h_0 ——截面有效高度，抗震墙可取墙肢长度。

F. 2. 2 框架梁的正截面抗震承载力应按下式计算：

$$M_b \leqslant \frac{1}{\gamma_{Ra}}\left[\alpha_1 f_c bx(h_0 - \frac{x}{2}) + f'_y A'_s(h_0 - a'_s)\right] \qquad \text{(F.2.2-1)}$$

混凝土受压区高度按下式计算：

$$\alpha_1 f_c bx = f_y A_s - f'_y A'_s \qquad \text{(F.2.2-2)}$$

式中 M_b ——框架梁组合的弯矩设计值，应按本规程附录 E 的规定采用；

f_c ——混凝土轴心抗压强度设计值，按本规程表 A.2.2-2 采用；

f_y、f'_y ——受拉、受压钢筋屈服强度设计值，按本规程表 A.2.3-2 采用；

A_s、A'_s ——受拉、受压纵向钢筋截面面积；

a'_s ——受压区纵向钢筋合力点至受压区边缘的距离；

x ——混凝土受压区高度，一级框架应满足 $x \leqslant 0.25h_0$ 的要求，二、三级框架应满足 $x \leqslant 0.35h_0$ 的要求，且梁端纵向受拉钢筋的配筋率不应大于 2.5%。

F. 2. 3 框架梁的斜截面抗震承载力应按下式计算：

$$V_b \leqslant \frac{1}{\gamma_{Ra}}\left(0.048 f_c bh_0 + 1.2 f_{yv}\frac{A_{sv}}{s}h_0\right) \qquad \text{(F.2.3-1)}$$

对集中荷载作用下的框架梁（包括有多种荷载且其中集中荷载对节点边缘产生的剪力值占总剪力值的 75%以上的情况），其斜截面受剪承载力应按下列公式计算：

$$V_b \leq \frac{1}{\gamma_{Ra}} \left(\frac{0.14}{\lambda + 1.5} f_c b h_0 + f_{yv} \frac{A_{sv}}{s} h_0 \right) \tag{F.2.3-2}$$

式中 V_b——框架梁组合的剪力设计值，应按本规程附录 E.2
的规定采用；

f_{yv}——箍筋的抗拉强度设计值；

A_{sv}——配置在同一截面内箍筋各肢的全部截面面积；

s——箍筋间距；

λ——计算截面的剪跨比。

F. 2. 4 偏心受压框架柱、抗震墙的正截面抗震承载力应符合
下列规定：

1 验算公式：

$$N \leq \frac{1}{\gamma_{Ra}} (\alpha_1 f_c b x + f_y' A_s' - \sigma_s A_s) \tag{F.2.4-1}$$

$$Ne \leq \frac{1}{\gamma_{Ra}} \left[\alpha_1 f_c b x \left(h_0 - \frac{x}{2} \right) + f_y' A_s' (h_0 - a_s') \right] \tag{F.2.4-2}$$

$$e = \eta e_i + \frac{h}{2} - a \tag{F.2.4-3}$$

$$e_i = e_0 + e_a \tag{F.2.4-4}$$

式中 N——组合的轴向压力设计值；

e——轴向力作用作用点至普通受拉钢筋合力点之间的
距离；

a——纵向普通受拉钢筋合力点至受压区边缘的距离；

e_i——轴向力的初始偏心距；

e_0——轴向力对截面重心的偏心距，$e_0 = M / N$；

η ——偏心受压构件考虑二阶弯矩影响的轴向压力偏心距增大系数,按现行国家标准《混凝土结构设计规范》GB 50010 的规定计算;

σ_s ——纵向钢筋的应力,按本条第 2 款的规定采用。

2 纵向钢筋的应力计算应符合下列规定:

大偏心受压 $\qquad \sigma_s = f_y$ $\qquad\qquad\qquad$ (F.2.4-5)

小偏心受压 $\qquad \sigma_s = \dfrac{f_y}{\xi_b - \beta_1}\left(\dfrac{x}{h_{0i}} - \beta_1\right)$ $\qquad$ (F.2.4-6)

相对界限受压区高度 ξ_b 应按下列公式计算:

$$\xi_b = \frac{\beta_1}{1 + \dfrac{f_y}{E_s \varepsilon_{cu}}} \qquad\qquad (F.2.4-7)$$

式中 $\quad E_s$ ——钢筋的弹性模量,按本规程附录 A 表 A.1.4 采用;

$\quad h_{0i}$ ——第 i 层纵向钢筋截面重心至混凝土受压区边缘的距离。

$\quad \varepsilon_{cu}$ ——混凝土极限压应变,按现行国家标准《混凝土结构设计规范》GB 50010 的规定计算;

$\quad \beta_1$ ——系数,按现行国家标准《混凝土结构设计规范》GB 50010 的规定计算。

F. 2. 5 偏心受拉框架柱、抗震墙的正截面抗震承载力应按下式计算:

1 小偏心受拉构件

$$Ne \leqslant \frac{1}{\gamma_{Ra}} f_y A'_s (h_0 - a'_s) \qquad\qquad (F.2.5-1)$$

$$Ne' \leqslant \frac{1}{\gamma_{\text{Ra}}} f_y A_s (h_0' - a_s) \qquad \text{(F.2.5-2)}$$

2 大偏心受拉构件

$$N \leqslant \frac{1}{\gamma_{\text{Ra}}} (f_y A_s - f_y' A_s') - \alpha_1 f_c bx \qquad \text{(F.2.5-3)}$$

$$Ne \leqslant \frac{1}{\gamma_{\text{Ra}}} \left[\alpha_1 f_c bx \left(h_0 - \frac{x}{2} \right) + f_y' A_s' (h_0 - a_s') \right] \qquad \text{(F.2.5-4)}$$

3 对称配筋的矩形截面偏心受拉构件，不论大、小偏心受拉情况，均可按公式(7.4.2-2)计算。

F.2.6 框架柱的斜截面抗震承载力应按下式计算：

$$V_c \leqslant \frac{1}{\gamma_{\text{Ra}}} \left(\frac{1.75}{\lambda + 1.5} f_t b h_0 + f_{yv} \frac{A_{sv}}{s} h_0 + 0.07N \right) \qquad \text{(F.2.6-1)}$$

当框架柱出现拉力时，其斜截面抗震承载力应按下式计算：

$$V_c \leqslant \frac{1}{\gamma_{\text{Ra}}} \left(\frac{1.75}{\lambda + 1.5} f_t b h_0 + f_{yv} \frac{A_{sv}}{s} h_0 - 0.2N \right) \qquad \text{(F.2.6-2)}$$

式中 V_c ——框架柱组合的剪力设计值，应按本规程附录 E 的规定采用。

λ ——框架柱的计算剪跨比，对各类结构的框架柱，宜取 $\lambda = M/(Vh_0)$ ；对框架结构中的框架柱当其反弯点在层高范围内时可取 $\lambda = H_n/2h_0$ ，当 $\lambda < 1$ 时取 $\lambda = 1$ ，当 $\lambda > 3$ 时取 $\lambda = 3$ ，此处，M 为计算截面上与剪力设计值 V 相应的弯矩设计值，H_n 为柱净高。

N ——与剪力设计值 V 相应的轴向压力设计值，当 $N > 0.3 f_c A$

时，取 $N = 0.3 f_c A$，此处，A 为构件的截面面积。

F. 2. 7 抗震墙的斜截面抗震承载力应按下列公式计算：

偏心受压

$$V_w \leqslant \frac{1}{\gamma_{Ra}} \left[\frac{1}{\lambda - 0.5} \left(0.5 f_t b h_0 + 0.13 N \frac{A_w}{A} \right) + f_{yv} \frac{A_{sh}}{s} h_0 \right] \qquad \text{(F.2.7-1)}$$

式中　N——与剪力设计值 V 相应的轴向压力设计值，当 $N > 0.2 f_c b h$ 时，取 $N = 0.2 f_c b h$；

　　　A——剪力墙的截面面积，其中，翼缘的有效面积可按现行国家标准《混凝土结构设计规范》GB 50010 的规定计算；

　　　A_w——T 形、I 形截面剪力墙腹板的截面面积，对矩形截面剪力墙取 $A_w = A$；

　　　A_{sh}——配置在同一水平截面内的水平分布钢筋的全部截面面积；

　　　s_v——水平分布钢筋的竖向间距；

　　　λ——计算截面的剪跨比，$\lambda = M/(Vh_0)$，当 $\lambda < 1.5$ 时取 $\lambda = 1.5$，当 $\lambda > 2.2$ 时取 $\lambda = 2.2$，此处，M 为与剪力设计值 V 相应的弯矩计算值，当计算截面与墙底之间的距离小于 $h_0/2$ 时，λ 应按距墙底 $h_0/2$ 处的弯矩值与剪力值计算。

偏心受拉

$$V_w \leqslant \frac{1}{\gamma_{Ra}} \left[\frac{1}{\lambda - 0.5} \left(0.5 f_c b h_0 - 0.13 N \frac{A_w}{A} \right) + f_{yv} \frac{A_{sh}}{s} h_0 \right] \qquad \text{(F.2.7-2)}$$

式中　N——与剪力设计值 V 相应的轴向拉力设计值；

　　　λ——计算截面处的剪跨比，$\lambda = M/(Vh_0)$，当 $\lambda < 1.5$ 时取 $\lambda = 1.5$，当 $\lambda > 2.2$ 时取 $\lambda = 2.2$。

F. 2. 8 节点核心区组合的剪力设计值应符合下列规定：

1 验算公式：

$$V_j \leqslant \frac{1}{\gamma_{Ra}}(0.3\eta_j\beta_c f_c b_j h_j) \tag{F.2.8-1}$$

$$V_j \leqslant \frac{1}{\gamma_{Ra}}\left(0.1\eta_j f_c b_j h_j + 0.1\eta_j N \frac{b_j}{b_c} + f_{yv} A_{svj} \frac{h_{b0} - a'_s}{s}\right) \tag{F.2.8-2}$$

式中 V_j——节点核心区组合的剪力设计值，应按本规程 E.2.5 条的规定采用。

η_j——正交梁对节点的约束影响系数，当楼板为现浇、梁柱中线重合、四侧各梁截面宽度不小于该侧柱截面宽度的 1/2，且正交方向梁高度不小于较高框架梁高度的 3/4 时，可取 $\eta_j = 1.5$，对 9 度设防烈度宜取 $\eta_j = 1.25$；当不满足上述约束条件时，应取 $\eta_j = 1.0$。

N——对应于考虑地震作用组合剪力设计值的节点上柱底部的轴向力设计值；当 N 为压力时，取轴向压力设计值的较小值，且当 $N > 0.5 f_c b_c h_c$ 时，取 $N = 0.5 f_c b_c h_c$；当 N 为拉力时，取 $N = 0$；

f_{yv}——箍筋的抗拉强度设计值；

A_{svj}——核心区验算宽度范围内同一截面验算方向各肢箍筋的总截面面积；

s——箍筋间距；

b_j——框架节点核心区的截面有效验算宽度，按本条第 2 款的规定采用；

h_j——框架节点核心区的截面高度，可取验算方向的柱截面高度，即 $h_j = h_c$ ；

    2 框架节点核心区的截面有效验算宽度应符合下列规定：

    1）当 $b_b \geqslant b_c/2$ 时，可取 $b_j = b_c$ ；当 $b_b < b_c/2$ 时，可取下列二者的较小值：

$$b_j = b_b + 0.5h_c \qquad\qquad (\text{F.2.8-3})$$

$$b_j = b_c \qquad\qquad (\text{F.2.8-4})$$

式中 b_b ——验算方向梁截面宽度；

        h_c ——验算方向的柱截面高度；

        b_c ——验算方向的柱截面宽度。

    2）当梁柱的中线不重合，且偏心距 $e_0 \leqslant b_c/4$ 时，核心区的截面宽度可取式（F.2.8-3）、（F.2.8-4）和下式计算结果的最小值：

$$b_j = 0.5(b_b + b_c) + 0.25h_c - e_0 \qquad\qquad (\text{F.2.8-5})$$

F. 2.9   抗震墙结构框支层楼板的截面抗震验算，应符合下列规定：

    1 验算公式：

$$V_f \leqslant \frac{1}{\gamma_{Ra}}(0.1f_c b_f t_f) \qquad\qquad (\text{F.2.9-1})$$

$$V_f \leqslant \frac{1}{\gamma_{Ra}} f_y A_s \qquad\qquad (\text{F.2.9-2})$$

式中 V_f —由不落地抗震墙传到落地抗震墙处按刚性楼板计算的框支层楼板组合的剪力设计值，8 度时应乘以增大系数 2，7 度时应乘以增大系数 1.5，验算落地抗震墙时不考虑此项增大系数；

b_f——框支层楼板的宽度；

t_f——框支层楼板的厚度；

A_s——穿过落地抗震墙的框支层楼盖(包括梁和板)的全部钢筋的截面面积；

γ_{Ra}——承载力抗震调整系数，可采用 0.85。

2 框支层应采用现浇楼板，厚度不宜小于 180 mm，混凝土强度等级不宜低于 C30，应采用双层双向配筋，且每层每个方向的配筋率不应小于 0.25%。

3 框支层楼板的边缘和较大洞口周边应设置边梁，其宽度不宜小于板厚的 2 倍，纵向钢筋配筋率不应小于 1%，钢筋接头宜采用机械连接或焊接，楼板的钢筋应锚固在边梁内。

4 对建筑平面较长或不规则及各抗震墙内力相差较大的框支层，必要时可采用简化方法验算楼板平面内的受弯、受剪承载力。

F. 0. 20 本附录未作规定的钢筋混凝土构件截面抗震验算，按现行国家标准的规定进行。

附录 G 建筑结构加固方法和工艺过程划分

表 G 建筑结构加固方法和工艺过程划分

	加固方法	工艺过程
抗震结构加固	砼构件增大截面工程	原构件修整、界面处理、钢筋加工、焊接、砼浇筑剂养护
	局部置换构件砼工程	局部凿出、界面处理、钢筋修复、砼浇筑剂养护
	砼构件绕丝工程	原构件修整、钢丝及钢件加工、界面处理、绕丝、焊接、砼浇筑剂养护
	砼构件外加预应力工程	原构件修整、预应力部件加工与安装、施加预应力、锚固、涂装
	外粘型钢工程	原构件修整、界面处理、钢件加工与安装、焊接、注胶、涂装
	粘贴纤维复合材工程	原构件修整、界面处理、纤维材料粘贴与锚固、防护面层
	外粘钢板工程	原构件修整、界面处理、钢板加工、胶接与锚固、防护面层
	钢丝绳网片外加聚合物砂浆面层工程	原构件修整、界面处理、网片安装与锚固、聚合物砂浆喷抹
	承重构件外加钢筋网砂浆面层工程	原构件修整、钢筋网加工与焊接、安装与锚固、聚合物砂浆（普通砂浆）喷抹
	砌体柱外加预应力撑杆加固	原砌体修整、撑杆加工与安装、预应力、焊接、涂装
	砼及砌体裂缝修补工程	原构件修整、界面处理、注胶修补、填充密封修补、表面封闭修补、防护面层
	植筋工程	原构件修整、钢筋加工、钻孔、界面处理、注胶
	锚栓工程	原构件修整、钻孔、界面处理、机械锚栓或定型锚栓安装

注:加固工程检查验收可按本表划分的不同加固方法作为分项工程进行。

258

本规程用词说明

1 为了便于在执行本规程条文时区别对待，对要求严格程度不同的用词说明如下：

1）表示很严格，非这样做不可的：

正面词采用"必须"，反面词采用"严禁"；

2）表示严格，正常情况下均应这样做的：

正面词采用"应"，反面词采用"不应"或"不得"；

3）表示允许稍有选择，在条件许可时首先应这样做的：

正面词采用"宜"，反面词采用"不宜"；

4）表示有选择，在一定条件下可以这样做的，采用"可"。

2 本规程中指定应按其他有关标准、规范执行时，写法为："应符合……的规定"或"应按……执行"。

引用标准名录

1 《建筑地基基础设计规范》GB 50007

2 《混凝土结构设计规范》GB 50010

3 《建筑抗震设计规范》GB 50011

4 《建筑抗震鉴定标准》GB 50023

5 《混凝土结构工程施工质量及验收规范》GB 50204

6 《建筑工程抗震设防分类标准》GB 50223

7 《建筑工程施工质量验收统一标准》GB 50300

8 《混凝土结构加固设计规范》GB 50367

9 《建筑结构加固工程施工质量验收规范》GB 50550

10 《建筑抗震加固技术规程》JGJ 116

11 《混凝土界面处理剂》JC/T 907

12 《碳纤维片材加固混凝土结构技术规程》CECS 146

四川省工程建设地方标准

四川省建筑抗震鉴定与加固技术规程

DB51/5059－2015

条 文 说 明

目　次

1 总 则

1.0.1 本条在原规程第 1.0.1 条的基础上进行了修订。地震中建筑的破坏是造成人员伤亡和财产经济损失的主要原因。对于地震自然灾害，实行预防为主、防御与救助相结合的方针，采取积极的防震减灾工作，是避免或最大限度地减少人员伤亡和经济损失的有效措施。现有的建筑由于各种原因，有的没有进行抗震设防，有的抗震设防不能满足要求，这些尚在使用的建筑存在抗震安全的隐患。实践证明，对现有建筑进行抗震鉴定，并对不符合抗震鉴定要求的建筑采取适当的对策，是减轻地震灾害的重要途径。

本规程是依据国家相关的法律、法规和技术标准，结合我省汶川地震、芦山地震等震害和建筑物抗震加固经验的实际情况，制订的包含建筑抗震鉴定和抗震加固的技术标准。

1.0.2 本条是在原规程第 1.0.2 条的基础上补充修订的条文。主要修订有：

   1 依据《四川省建设工程抗御地震灾害管理办法》（四川省人民政府令第 266 号）第十四条的规定，将非抗震设防区内的学校、医院等人员密集场所及重要公共建筑的抗震鉴定和抗震加固纳入本规程适用范围。这是本规程修订在全国范围内的相关标准中首次加入的。该管理办法第四十七条规定，抗震设防区，是指地震基本烈度 6 度及以上的地区(地震动峰值加速度≥0.05g 的地区)；非抗震设防区，是指地震基本烈度小于 6

度的地区。

2 依照《四川省防震减灾条例》，将抗震设防烈度及对应的地震加速度分区予以明确。

本条修订中明确了本规程不适用的范围，即不适用于尚未竣工验收的在建建筑工程的抗震设计和施工质量的评定，以及地震灾后建筑抗震安全的应急评估。在建建筑的抗震设计和施工质量评定，国家相关的法律、法规已规定了相应的审查、验收程序，也颁布了相应的技术标准，因此，对于尚未竣工验收的在建建筑的抗震设计和施工质量的评定，应按照国家规定的程序和技术标准执行。在实际现实中，尚有工程竣工验收后，较长时间不交付使用的情况，待交付使用时，可能出现抗震设防的技术问题而需要进行抗震鉴定或加固。因此，本条修订时明确现有建筑是以"竣工验收"为界，区别于"投入使用"。

地震灾后建筑安全性应急鉴定强调快速、宏观，其鉴定的工作深度和详细程度及全面的程度达不到本规程的要求。同时，按本规程要求进行震后建筑应急鉴定也不具有可操作性，因此在本规程适用范围中明确规定不适用于地震灾后建筑抗震安全的应急评估。

对于古建筑、行业有特殊要求的建筑，应按国家专门规定进行抗震鉴定和抗震加固。

1.0.3 本条为修订时新增加的条文，依据《建筑抗震鉴定标准》GB 50023 - 2009 第 1.0.6 条和《四川省建设工程抗御地震灾害管理办法》第十四条的规定编制而成。本条明确规定了需进行抗震鉴定的现有建筑。一般情况下，当建筑接近或超过建筑设计使用年限时，由于使用环境、条件的影响，建筑结构构件的性能可能发生较大的变化，此时在对建筑正常使用环境条件下的安全性能作鉴定的同时，尚应对建筑的抗震安全作鉴定。当现有建筑进行改建、扩建时，由于改变了现有建筑的使用功能及条件，或改变了建筑结构及荷载，改建、扩建部分的建筑已融入现有建筑成为整体，其抗震设防的对象及条件可能发生了较大的变化。因此，应当对现有建筑的抗震性能进行鉴定，为建筑改建、扩建的抗震设计及施工提供技术依据。如 1.0.2 条文说明所述，根据《四川省建设工程抗御地震灾害管理办法》第十四条规定，本条第 4 款规定了，非抗震设防区内现有的学校、医院等人员密集场所及重要公共建筑，应进行抗震设防。本条第 5 款是指，建筑在遭受包括地震、水灾、风灾、火灾、爆炸、撞击、振动等在内的自然灾害或非自然灾害后，其抗震能力已明显受到影响而需要进行抗震鉴定和加固。

1.0.4 住房和城乡建设部、国家发展和改革委员会颁布的《建筑抗震加固建设标准》（建标 158 - 2011）第十八条规定，地震灾区建筑，应依据政府抗震救灾指挥机构判定地震趋势中，预期的余震作用不构成建筑结构损伤的小震作用时，方允许启动鉴定工作。住房和城乡建设部印发的《地震灾后建筑鉴定与加固技术指南》（建标〔2008〕132 号）第 2.1.3 条第 1 款规定，灾后的恢复重建应在预期余震已由当地救灾指挥部判定为对结构不会造成破坏的小震，其余震强度已趋向显著减弱后进行。第 2.4.1 条规定，恢复重建阶段建筑加固前的鉴定，应以国家抗震救灾权威机构判定的地震趋势为依据。在预期余震作用不构成结构损伤的小震作用时，方允许启动恢复重建前的系统鉴定工作。

本条是对地震灾区针对震损建筑进行抗震鉴定和加固作出的启动时间节点的规定，地震应急期的建筑应急评估另当别论。本条目的在于规定地震灾区震损建筑的抗震鉴定和加固工作启动的时间节点条件，倘若在余震未衰减前就盲目实施抗震鉴定和加固，可能导致：或是强余震可能对震损建筑的结构构件发生新的损伤，使得建筑的鉴定所做的结论失去使用价值而需重新作进一步鉴定；或是加固的措施未能全面实施，或刚加固的结构构件未能达到预期性能，未能形成有效的加固体系导致加固失效而再加固；或是在鉴定和加固工作人员处于不安全的工作环境导致不必要的安全事故；等等。再则，地震灾区的受损建筑可能已经导致在正常使用条件下就存在安全隐患，抗震鉴定应与可靠性鉴定合并进行，工作量相对较大，时间较长。因此，在地震灾区进行建筑的抗震鉴定应掌握好时间节点。

1.0.5 本条是依据住房和城乡建设部、国家发展和改革委员会颁布的《建筑抗震加固建设标准》，在本规程修订时新增的条文。对处于危险地段的现有建筑，没有场地安全性的保证，对建筑的抗震鉴定和加固是没有意义的、徒劳的。该标准第十条规定，经场地勘察评估认为该建筑位于地震危险地段时，必须予以避让迁址。第十一条第一款规定，受地震严重破坏且无修复价值的建筑，应予拆除；第二款规定，结构加固总费用（不含改造费用）高达新建同类建筑工程造价的 70% 或以上时，宜采取拆除重建的方案。第十二条规定，对于有重大历史、科学、艺术价值或重要纪念意义建筑的抗震加固，不受该标准第十一条第二款的限制。

本条中"一般情况下"是指不具有重大历史、科学、艺术价值或重要纪念意义的建筑，当加固费用高达70%或以上时，应结合规划、建筑的使用价值和经济角度综合考虑，不宜硬性要求加固，宜采取拆除重建的方案。

1.0.6 本条为修订时的新增条文。《建筑抗震鉴定标准》GB 50023－2009第3.0.1条编制说明明确规定，抗震鉴定时要求建筑的现状良好，即建筑外观不存在危及安全的缺陷，现存的质量缺陷属于正常维修范围之内。"现状良好"是对现有建筑现状调查的重要概念，涉及施工质量和维修情况，是介于完好无损和有局部损伤需要补强、修复二者之间的一种概念。

抗震鉴定是对现有建筑是否存在不利于抗震的构造缺陷和各种损伤进行的系统"诊断"，而结构安全性鉴定是对现有建筑在正常使用条件下是否存在安全隐患进行的系统"诊断"。建筑结构在正常使用条件下的安全性是建筑通用的基本原则，而抗震安全应是在此原则基础上针对抗震设防建筑的一项专门的安全性要求。虽然结构安全性鉴定和抗震鉴定有些共性的工作内容，但两者之间是有较大区别的，依据的标准和要求也不同。但实际中往往存在盲目单纯地对现有建筑进行抗震鉴定和加固的情况，再对现有建筑的现状进行调查和检查，结果发现现有建筑结构安全性不是处于"现状良好"状态，使得抗震鉴定和抗震加固的工作无法开展，或工作内容大大延伸。因此，鉴于本规程的适用范围的规定，本条规定对现有建筑的抗震鉴定和抗震加固，应基于建筑在正常使用条件下的结构安全性符合国家相关标准的要求下进行，即抗震鉴定应是在现有建筑处于"现状良好"的基础上进行。但就实际情况而言，应针对两种情况区别提出要求，即：1. 先进行建筑的可靠性鉴定或危险性鉴定，后进行抗震鉴定。这种情况是针对有的鉴定机构只具备可靠性鉴定或危险性鉴定能力的情况，但这种方式费时、费工、又费资金。2. 将现有建筑可靠性鉴定或危险性与抗震鉴定合并进行，这种方式不但省时、省工、省资金，更有利于对建筑整体全面地进行分析和鉴定，有利于将基于可靠性鉴定或危险性鉴定提出的维修加固建议，以及基于抗震鉴定提出抗震加固建议结合，制订建筑的维修加固和抗震加固整体的实施方案。

当现有建筑接近或超过使用年限，或使用条件发生改变，或遭受灾害受损等，导致建筑在正常使用条件下存在安全隐患时，应按国家现行标准对建筑进行正常使用条件下的可靠性鉴定或危险性鉴定，同时按本规程对建筑进行抗震鉴定。现有建筑的可靠性鉴定或危险性鉴定同样涉及建筑的后续使用年限问题，此时，现有建筑的抗震鉴定和加固的后续使用年限应与可靠性鉴定或危险性鉴定和维修加固确定的后续使用年限一致，如果分开确定，既不合理，也会给建筑整体的安全造成隐患。

当现有建筑在设计确定的使用年限内，且建筑不存在可靠性或危险性的安全隐患，仅由于设防目标发生改变而需要进行抗震鉴定和抗震加固时，建筑抗震鉴定和抗震加固的后续使用年限宜与建筑设计确定的使用年限一致，即不改变现有建筑的使用年限。因为，现有建筑到设计确定的使用年限后，如需继续使用，就应进行建筑的可靠性鉴定。

1.0.7 本条与《建筑抗震设计规范》GB 50011－2010 第 1.0.4 条等效，是在原规程第 1.0.3 条的基础上修订新增加的条文。作为抗震设防依据的文件和图件，如地震烈度区划图和地震动参数区划图，其审批权限，由国家有关部门依法规定。《四川省建设工程抗御地震灾害管理办法》第十二条规定，任何单位和个人不得降低工程抗震设防标准。

1.0.8 本条是在原规程第 1.0.3 条的基础上修订新增加的条文。主要依据有：

1 现行国家标准《建筑抗震设计规范》GB 50011－2010 第 1.0.5 条的规定

2 依据《四川省建设工程抗御地震灾害管理办法》第十四条的规定，增加了"非抗震设防区内的学校、医院等人员密集场所及重要公共建筑的建设工程按抗震设防烈度 6 度进行设防"。

3 本条按照《城市抗震防灾规划标准》GB 50413 的规定，明确了已编制区域性抗震防灾规划且在有效期内的现有建筑，以及特定行业或系统的现有建筑抗震鉴定及加固的设防烈度。这是因为这些小区域的地震动参数有可能高于城市抗震设防的基本烈度，特定行业或系统的抗震设防要求有可能高于所在地区的抗震设防基本烈度。但鉴于是对现有建筑的抗震鉴定和加固，本条采用"可"，而不是采用较严格的"应"，这是为了与抗震防灾规划和特定行业或系统提出的要求协调留有余地，避免执行当中产生矛盾。《城市抗震防灾规划标准》GB 50413

规定，对于城市建设与发展特别重要的局部地区、特定行业或系统，可采用较高的防御要求。该标准条文说明明确了在具体进行城市抗震防灾规划时，各地可根据城市建设与发展的实际情况，确定各城市的防御目标或对城市的局部地区、特定行业、系统提出更高的要求。当具有按国家规定权限审批颁发的处于有效期内的并符合国家现行相关法律法规与标准规定的抗震设防区划、地震动小区划等文件或图件时，可按这些文件或图件确定。

1.0.9 本条为修订时新增加的条文。本条以现有建筑的建造时期和抗震设防情况，将其大体分为三类建筑。其目的在于针对不同的情况科学合理地制订各类建筑的抗震设防基本目标和采用的抗震鉴定和加固方法。

Ⅰ类建筑。这类建筑包括在 20 世纪 90 年代以前建造的，或没有进行抗震设防，或按《工业与民用建筑抗震设计规范》TJ 11－74（以下简称"74 抗规"）、《工业与民用建筑抗震设计规范》TJ 11－78（以下简称"78 抗规"）设防的现有建筑。以 20 世纪 90 年代建造和按《工业与民用建筑抗震设计规范》TJ 11－78 进行为界，区别出建筑使用年代较长、建筑陈旧、材料性能较低和抗震设防的技术条件较低的现有建筑。

Ⅱ类建筑。这类建筑包括 20 世纪 90 年代至 2002 年期间建造的，或未进行抗震设防，或按"78 抗规""89 抗规"进行抗震设防的现有建筑。这是因为：1989 年 3 月 27 日，中华人民共和国建设部以（89）建标字 145 号文，正式颁布了《建筑抗震设计规范》GBJ 11－89（以下简称"89 抗规"），该规范对

"78 抗规"进行了修订并更名，首次明确提出了"三水准"的抗震设防目标。该规范自 1990 年 1 月 1 日施行，"78 抗规"于 1991 年 6 月 30 日废止。"89 抗规"于 2002 年 12 月 31 日废止。由于我省的特殊原因，经批准推迟到 1992 年 7 月 1 日才全面实施执行"89 抗规"。因此，我省有两年半的时间是实施"78 抗规"和"89 抗规"的交替过渡时期，在此过渡时期内我省有些地区或有些建筑已经执行"89 抗规"，但尚有部分地区或有些建筑仍在执行"78 抗规"。

对于 Ⅱ 类建筑的划分考虑，一是基于"89 抗规"明确提出了"三水准"的抗震设防目标；二是基于其抗震鉴定的方法有较大的变化，在时段前的抗震鉴定是按原鉴定标准的震害经验及筛选的方法，时段后的鉴定方法基本上是比照设计规范要求，考虑实际情况提出综合方法。在这时段中的建筑原则上均按 Ⅱ 类建筑划分，采用比照"89 抗规"的要求进行抗震鉴定和加固，这对大多数建筑而言是合适的，仅对在过渡时期内仍执行"78 抗规"的建筑似乎偏严了些，但从这类建筑后续使用年限还较长，以及提高建筑的抗震安全性能等方面考虑，采用比照"89 抗规"的要求进行抗震鉴定和加固还是值得的。"89 抗规"以及《工程建设国家标准局部修订公告》(第 1 号)于 2002 年 12 月 31 日废止。

Ⅲ 类建筑。这类建筑的划分较为明确，即是 21 世纪初建造的现有建筑，包括《建筑抗震设计规范》GB 50011 - 2001 (以下简称"01 抗规")实施以来建造的现有建筑，或未进行抗震设防，或按"01 抗规"进行抗震设防，或按《建筑抗震设计规范》GB 50011 – 2010（以下简称"10 抗规"）进行抗震设防的现有建筑。"01 抗规"自 2002 年 1 月 1 日起施行，于"10 抗规"发布日（2010 年 5 月 31 日）同时废止。"01 抗规""10 抗规"的抗震设防目标基本上与"89 抗规"保持了一致，但从"01 抗规"起，在材料强度等级的要求、抗震计算和构造措施方面均有较大的提高和变化，为实现建筑的抗震设防目标提出了更高的技术要求。因此，将第Ⅲ类建筑的起始点定在 21 世纪初及"01 抗规"实施的时间节点是合适的。应该说，"10 抗规"肯定比"01 抗规"更有较大的进步，但考虑到本规程针对的是现有建筑，从抗震鉴定与加固的实际情况、抗震基本安全、可操作性和经济性综合考虑，使 21 世纪以来建造的建筑，其抗震鉴定和加固的要求应不低于"01 抗规"的要求。同样，在 21 世纪初，即 2001 年和 2002 年，"89 抗规"和"01 抗规"仍是交替过渡期，本着交替过渡期从严考虑的原则，因此，在此过渡期均应按Ⅲ类建筑对待。

在Ⅱ类建筑、Ⅲ类建筑中，有可能出现由于各种原因而未进行抗震设防的情况。由于这类建筑均是在国家有关抗震设防的法律、法规、技术标准已施行多年的情况下修建的，且这类建筑建造年代及使用期不长，如将所有未进行抗震设防的建筑均列为Ⅰ类建筑，可能会造成不按标准进行抗震设防而网开一面的混乱，因此，对于不同标准施行期而未进行抗震设防的建筑，抗震鉴定和加固的基本目标，应按施行期的标准确定，不能降低。

1.0.10 本条为修订时新增加的条文。基本设防目标是建筑最低的设防目标。所谓"有条件"，是指根据建筑的实际情况，考虑后续使用的价值、鉴定与加固的难度和实施的可能性、抗震加固造价等。在建筑抗震鉴定和加固时，委托方与受托方应充分协商沟通，当条件具备时，可适当提高抗震要求。

考虑 I 类建筑的抗震设防较低或未设防、使用年代较长，以及对应的鉴定方法不同和抗震加固的难度、效果和经济等因素，本规程将其抗震鉴定和加固的基本设防目标定为遭遇"多遇地震和设防地震"两个水准，即当遭受低于抗震设防烈度的多遇地震影响时，主体结构可能发生损坏，但不需修理或一般修理后可继续使用；当遭受相当于抗震设防烈度的地震影响时，主体结构一般不致倒塌伤人。我国《工业与民用建筑抗震鉴定标准》TJ 23－77（以下简称"77 鉴定标准"）、《建筑抗震鉴定标准》GB 50023－95（以下简称"95 鉴定标准"），其抗震设防目标为"在遭遇到相当于抗震设防烈度的地震影响时一般不致倒塌伤人或砸坏重要生产设备，经修理后仍可继续使用"。在唐山大地震后，我国均按照这两本鉴定标准对多数建筑进行了抗震鉴定和加固，总体效果还是良好的。因此，为使这类建筑的抗震鉴定和加固在执行标准时具有连续性，本规程对这类建筑的抗震设防目标与"77 鉴定标准""95 鉴定标准"的抗震设防目标基本一致。相对 II 类建筑、III 类建筑而言，其抗震鉴定和抗震加固的基本目标较低些。

对 II 类建筑，抗震设防的目标应按"三水准"目标执行。但鉴于现有建筑的抗震鉴定和加固实际操作的难度，以及结构构件性能可能发生的退化，对应"三水准"遭遇发生的震害可能有所加重，处理的程度也就有所加重，因此较现行的《建筑抗震设计规范》"三水准"的目标内容要求低一些，但遭遇罕遇地震影响时，仍然保持"主体结构不致倒塌伤人"。

对Ⅲ类建筑，即"01抗规"执行以来的城市建筑，这类建筑建造年限不长，也处于各地对建筑的抗震设防管理的不断加强时期，需要抗震鉴定或加固的应该不多，除非是遭受灾害受损、改建扩建、设防烈度调整等情况。"01抗规"和"10抗规"对建筑抗震设防基本目标的表述，是基本一致、略有差别的，"10抗规"突出了对"主体结构"在不同设防水准下允许出现的震损程度，显得更为稳妥，故采用"10抗规"表述设防基本目标。

1.0.11 本条与《建筑抗震鉴定标准》GB 50023－2009第1.0.3条及《建筑抗震加固技术规程》JGJ 116－2009第1.0.4条等效。

2 术语和符号

2.1 术　语

本规程采用的术语及其涵义，是根据下列原则确定的：

1 凡现行工程建设国家标准已作规定的，一律加以引用，不再另行给出定义。

2 凡现行工程建设国家标准尚未规定的，由本规程参照国际标准和国外先进标准给出其定义。

3 当现行工程建设国家标准虽已有该术语，但定义不准确或概括的内容不全时，由本规程完善其定义。

2.2 符　号

本规程采用的符号及其意义，尽可能与现行国家标准《建筑抗震鉴定标准》GB 50023、《建筑抗震加固技术规程》JGJ 116和《混凝土结构加固设计规范》GB 50367 相一致，以便于在抗震鉴定和抗震加固中引用其公式。

3 基本规定

3.1 抗震鉴定

3.1.1 本条对原规程 3.1.1 条进行了局部调整,规定了建筑抗震鉴定的基本步骤。

3.1.2 本条为修订时新增条文。本条要求抗震鉴定应以整栋建筑实施,其理由:一是抗震鉴定是对整栋建筑是否存在不利于抗震的承载能力不足、构造缺陷和各种损伤进行的系统"诊断",分离实施将会导致无法进行系统"诊断",给建筑留下抗震薄弱部分的隐患,从而使实施抗震鉴定部分的抗震安全没有实际意义。二是避免依据分离实施抗震鉴定进行的抗震加固,对整栋建筑造成平面刚度不对称、竖向刚度突变等不利影响。对于单个受损的结构构件进行的处理(鉴定及加固),仅是修复而已,不能以此对建筑整体的抗震安全得出鉴定结论。三是避免不必要的纠纷。在实际生活中,存在建筑的使用人在建筑产权人未知晓或未经产权人同意的情况下,要求对使用的建筑或部分建筑进行抗震鉴定、抗震加固,这种情况包含使用人对建筑的安全有疑虑(包括可靠性、抗震性),或是使用人想改变建筑使用功能等等,由于事前建筑的使用人与产权人未协商沟通,常引起严重纠纷并诉诸法院。

因此,当建筑的使用人要求进行建筑抗震鉴定、抗震加固时,应与建筑的产权人协商沟通,在委托进行抗震鉴定、抗震加固时，应出具建筑产权人的同意或授权的文件。

3.1.3 本条为修订时新增条文。如前所述，抗震鉴定是以现有建筑在正常使用条件下安全可靠的基础上进行的专项鉴定。但在实际中，委托方不清楚这两个鉴定的目的和内容，往往单纯提出进行抗震鉴定，面对使用年限已久或使用功能有所改变的现有建筑，鉴定的工作可能在很大程度上超出抗震鉴定的范畴。如果不事先作初步的了解和调查，以及协商取得一致意见，明确鉴定的目的和内容，可能导致抗震鉴定工作内容及工作量极大增加而无法开展，或引起其他的纠纷。再则，了解现有建筑抗震鉴定的目的，是委托方和受托方共同协商确定后续使用年限的基础，特别是对拟改建、扩建的现有建筑，后续使用的年限可能会长些。这就需要双方就鉴定采用的方法、抗震设防的目标、依据的技术条件等进行协商调整，共同确定。

3.1.4 对本条的规定需说明以下四点：

1 本款在原规程 3.1.2 条第 1 款的基础上进行了部分修订。将原"搜集"，改为"查证"。由于原始资料可能保存在多个单位，以及原始资料的权属问题，"搜集"应是委托方如实提供的义务，实际工作中受托方很难或无法直接索取。补充了应查证的资料内容，提醒了受托方应向委托方索取的原始资料内容，包括设计、施工、竣工验收、维修和改造等。

2 本款在原规程 3.1.2 条第 2 款的基础上进行了部分修订。"现场调查建筑现状与原始资料相符合的程度"也包含了"施工质量和维护状况"，故删除。鉴于"非抗震缺陷"属于正常使用条件下的可靠性鉴定范畴，本条修改为查找不利于抗震的缺陷（包括设计计算和构造措施、材料性能和施工质量、使用或维护不当造成的损伤等）。不可避免，这些不利于建筑抗震的缺陷，很可能与"非抗震缺陷"难以分离,但本条围绕的是建筑抗震鉴定，强调的是查找不利于建筑抗震的缺陷。

4 本款在原规程 3.1.2 条第 4 款的基础上进行了部分修订。按照现行的《建筑抗震鉴定标准》GB 50023 - 2009 第 3.0.1 条要求进行了补充，并增加了"应说明后续使用年限及条件"。如前所述，后续使用年限应与建筑在正常使用条件下的年限相吻合，这就要求在鉴定时委托方与受托方协商一致，以便确定鉴定的方法和内容。所谓"条件"即是建筑后续使用年限内，当地抗震设防烈度、地震动参数不发生明显变化，建筑的使用功能和荷载不发生变化，以及建筑不发生各种灾害和维护不当造成建筑破坏等，因为这些因素都可能影响建筑的后续使用年限。因此，在说明后续使用年限时，应根据建筑的具体情况，明确后续使用年限的条件。

3.1.5 本条为原规程的第 3.1.3 条，未作修改。本条规定了三个区别对待的鉴定要求，使鉴定工作有更强的针对性：一是不同结构类型的区别，对不同结构类型的建筑，应按本规程相应章节条文的要求实施；二是重点部位和一般部位的区别，对建筑中的重点部位和一般部位，应按不同要求实施；三是整体影响和局部影响的区别，对抗震性能有整体影响的构件和仅有局部影响的构件，综合抗震能力分析时应分别对待。

3.1.6 本条在原规程第 3.1.4 条的基础上,结合本规程第 1.0.8 条对现有建筑的划分进行了修订，并依照现行《建筑抗震鉴定标准》GB 50023 – 2009 第 3.0.3 条的规定，补充了Ⅱ类建筑和Ⅲ类建筑的抗震承载力验算时，主要和次要抗侧力构件的抗震承载能力规定值。对现有建筑的抗震鉴定采用两级鉴定法，是筛选法的具体应用。这种鉴定方法将建筑的宏观控制、抗震承载能力验算和抗震构造的要求紧密地结合，体现了建筑的抗震能力是抗震承载能力、变形能力等多种因素的有机结合。

3.1.7 本条是在原规程 3.1.5 条的基础上修订的。主要修改有：1. 调整、合并部分款和项；2. 对局部的文字进行了修改；3. 增加了对支撑系统的要求。本条从房屋高度、平立面和墙体布置、结构体系、构件变形能力、连接的可靠性、非结构的影响、场地和地基等方面，规定了建筑抗震鉴定时对建筑宏观控制的概念性要求，即检查建筑是否存在影响其抗震性能的宏观不利因素。

3.1.8 本条在原规程第 3.1.6 条的基础上进行了补充和修改。主要修改有：

1 当 6 度时第一级鉴定不符合要求时，还可通过抗震验算进行综合抗震能力评定。因此，不进行抗震验算的具体条件可在各章中规定。

2 为满足建筑抗震鉴定验算时可能需要，增加了表 3.1.8。"设计特征周期"即设计所用的地震影响系数特征周期(T_g)。"89抗规"根据设计近远震和场地类别，规定了近震和远震特征周期，与表 3.1.8 大体相当。而"01 抗规"为将设计近震、远震改为设计地震分为三组，并在数值上有所提高。"10 抗规"较之"01 抗规"对场地的类别更细化，并规定了相应的特征周期，对于Ⅱ类场地的各设计地震，分组的特征周期数值无变化。因此，本条结合现有建筑的实际状况和从提高抗震安全考虑，采取了区别对待，即：对于Ⅰ类建筑可按表取值，Ⅱ类和Ⅲ类建筑应按"10抗规"取值。

3 增加"材料强度等级按现场检测鉴定结果确定"，强调不是检测值，应是检测鉴定结果。

4 依照现行的《建筑抗震鉴定标准》GB 50023－2009 相关要求，对 γ_{Ra} 的取值进行了调整修改。给出了两个取值方案，供鉴定时选择。即按设计时执行的国家标准《建筑抗震设计规范》承载力抗震调整系数值确定的方案；或按现行国家标准《建筑抗震设计规范》GB 50011－2010 规定方法取值的方案。

本条中 γ_{Ra} 是考虑到建筑的抗震鉴定与抗震设计相比，其可靠性要求有所降低的实际情况。当建筑抗震鉴定按建筑设计期施行的抗震设计规范验算方法验算时，地震作用、内力调整、抗震承载力验算公式不变，但需引进抗震鉴定的承载力调整系数 γ_{Ra} 替代抗震设计规范抗震验算公式中的 γ_{RE}。

3.1.9 本条在原规程第 3.1.7 条的基础上进行了修订，修改主要有：1. 明确第 1 款适用于Ⅰ类建筑。2. 对部分款项进行了调整和修改。3. 修改原文"实测值"为"实测鉴定结果"，防止仅以个别部位的少量检测值使用。

Ⅰ类建筑的抗震验算通常采用综合抗震能力指数法，Ⅱ类、Ⅲ类建筑的抗震验算应满足建筑设计时期施行的相关国家标准的规定。抗震验算中的计算模型和相关参数的确定应符合被鉴定建筑的实际情况。

3.1.10 本条是在原规程第 3.1.7 条第 3 款的基础上单独形成的条文，针对被鉴定的建筑出现受损结构构件时进行抗震验算提出的要求。主要修改有：1. 将原文"震损"一词，改为"受损"，使针对的面更广些。2. 本节是鉴定，应按实际状况进行抗震验算。将原文中有关内容调整到抗震加固章节。3. 增加第 2 款。在进行建筑的抗震验算时，应对已经失效的部分结构构件予以剔除，使抗震验算更符合实际状况。至于对已经失效的部分结构构件是否需加固或更换，应根据鉴定结论在加固时考虑。4. 增加第 3 款。针对结构构件的严重受损或破坏，已导致原结构体系失效或传力途径显著不合理，需经大修或加固才能恢复原性能，已严重影响或不可能进行结构体系整体抗震分析验算时，可不再进行结构构件的抗震验算，而在分析后直接判定为不符合抗震要求。

在对现有建筑进行抗震鉴定时，现有建筑难免会出现参与抗震验算的结构构件已经受损的情况，或是年久失修，或是灾害所致等，因此，本条规定了当对出现结构构件受损的情况的现有建筑进行抗震鉴定时应掌握的区别对待原则。对于经一般修复即可恢复原性能的受损结构构件，可先假定这些结构构件是没有受损且为完好，以便于进行抗震验算。但要注意的是，在抗震验算时应对这些结构构件的受损情况予以判定，是否可为一般性的修复即可恢复原性能，并对假定予以注明。在抗震鉴定报告的结论中应指出必须进行修复。当结构构件的严重受损或破坏，已导致结构体系失效或传力途径显著不合理，或已严重影响进行结构体系整体分析验算时，抗震验算已可能无法进行或是没有意义了。当局部结构构件的严重受损或破坏，尚未影响进行结构体系整体分析验算时，其严重受损或破坏的结构构件不应参与结构体系的整体分析验算，这是保证鉴定工作中抗震验算应符合现有建筑的实际情况。

3.1.11 本条在原规程第 3.1.8 条的基础上，结合现行《建筑抗震鉴定标准》GB 50023 – 2009 的相关要求进行了补充和修改。主要修改有：

1 删除原条文第 1 款中"Ⅰ类场地上的乙类建筑，构造按原设防烈度的要求采用"，仅明确了 7～9 度区的Ⅰ类场地上的丙类建筑在抗震鉴定时，抗震构造要求可降低一度考虑，其余建筑的抗震构造应按本规程的相关规定采用。

2 依据现行《建筑抗震鉴定标准》GB 50023 – 2009 第 3.0.6 条第 3 款，增加了本条第 3 款的规定。

3 依据现行《建筑抗震鉴定标准》GB 50023 – 2009 第 3.0.6 条第 4 款及条文说明，以及原规程第 3.1.8 条的条文说明，增加了本条第 4 款的规定。

4 依据现行《建筑抗震鉴定标准》GB 50023 – 2009 第 3.0.6 条第 5 款及条文说明，以及原规程第 3.1.8 条的条文说明，增加了本条第 5 款的规定。

本条在修订时，考虑到便于实际应用，将相关条文说明中有具体要求和规定的，直接列入本条正文。

3.1.12 对不符合抗震鉴定要求的建筑可提出 4 种处理措施：

1 维修：被鉴定的建筑中仅有少数、次要部位的结构构件或构造措施局部不符合鉴定要求时，采取的修复或局部补强措施。

2 加固：被鉴定建筑中的结构构件抗震承载能力或构造措施不满足要求，但通过采取抗震加固措施后，能使其达到按抗震设防的要求而进行的设计及施工。

3 改造：被鉴定的建筑抗震能力已显著不符合鉴定要求，且无合适条件进行建筑的整体或大面积的抗震加固，但通过改变建筑的使用功能，或减小使用荷载，或改变建筑结构体系的布局，以及采取相应的抗震加固等措施后，使改造后的建筑能达到抗震设防的要求的进行的设计及施工。

4 拆除：被鉴定的建筑抗震能力已显著不符合鉴定要求，且无加固价值的建筑所采取的措施。对于在短期内仍需使用的这类建筑必须采取应急安全防护措施。如：在单层房屋内设防护支架；烟囱、水塔周围划定危险区；拆除装饰物、危险物及卸载等。

3.2 抗震加固

3.2.1 本条规定了建筑抗震加固的程序。《建筑抗震加固建设标准》第二十六条规定，施工图设计文件审查机构应依据现行国家有关强制性标准、技术规定等规定和要求，对建筑抗震加固施工图提出审查意见；审查合格的，应出具审查合格通知书。《四川省建设工程抗御地震灾害管理办法》第十八条规定，施工图审查机构应当依照国家标准对工程勘察文件、施工图设计文件、抗震鉴定报告进行审查，并承担审查责任。新建、扩建、改建建设工程的抗震设防设计应当作为施工图审查的内容。第十九条规定，施工图审查机构在技术审查中，对不符合国家工程建设强制性标准、抗震设防分类要求的，应当书面通知建设单位更改。未更改的，不得颁发施工图审查合格书。因此，抗震加固施工图必须通过审查合格方能实施。

3.2.2 本条为修订时新增的条文。根据现行《建筑抗震加固技术规程》JGJ 116－2009 第 1.0.4 条作适当修改编制。在实际工作中，存在对建筑抗震鉴定和抗震加固设计不是同一机构实施，导致抗震加固设计时确定的设防烈度和设防类别与抗震鉴定时不一致的现象，也就导致了抗震加固设计所采取的抗震措施不具有针对性。因此，现有建筑的抗震加固设计时，必须明确其抗震设防的烈度和设防类别，且应与建筑抗震鉴定应保持一致。

3.2.3 本条为修订时新增的条文。鉴于开展建筑抗震鉴定单位的能力参差不齐，有的鉴定报告的深度不够，导致抗震加固设计和施工出现较大的偏差的情况，本条强调，当进行抗震加固设计时，应仔细分析委托方提供的建筑抗震鉴定报告等相关资料，同时应赴现场进行踏勘。当发现鉴定报告的深度不足以指导抗震加固设计时，应与委托方进行协商，或由委托方要求原鉴定单位进行补充检查鉴定，或由设计单位根据自身的资质和能力，对建筑的结构体系、使用现状、损伤情况及结构主要材料强度等作进一步的详细检查检测。

3.2.4 本条是在原规程第 3.2.4 条、第 3.2.5 条的基础上，结合《建筑抗震加固技术规程》JGJ 116 - 2009 第 3.0.2 的相关要求，对考虑抗震加固总体方案提出的要求。目的在于强调建筑的抗震加固的总体方案应在抗震鉴定的基础上，结合对建筑现状的踏勘，综合实际的各种因素和要求一并加以考虑，以便达到抗震加固的理想效果，并且尽可能结合维修、装饰和加固一并实施，避免重复施工所导致对建筑结构的损伤。

3.2.5 本条是在原规程第 3.2.5 条的基础上，结合《建筑抗震加固技术规程》JGJ 116 - 2009 第 3.0.1 条和 3.0.2 条的相关要求，对建筑结构构件抗震加固具体设计原则提出的要求。与新建建筑工程的抗震设计一样，现有建筑的抗震加固设计同样应有概念设计。抗震加固的概念设计主要包括：加固结构体系、新旧构件的连接、抗震分析中的内力和承载力的调整、加固材料和加固施工的特殊要求等。抗震加固的结构布置和连接构造的概念设计，直接关系到加固后建筑的整体综合抗震能力是否达到应有的提高。抗震加固设计时，应根据建筑结构的实际情况，处理好下述关系，以利改善结构整体抗震性能，使加固达到有效合理：

1 减少扭转效应。增设构件或加强原有构件，均要考虑对建筑整体是否产生扭转效应的可能，尽可能使加固后的结构重量和刚度分布比较均匀对称。

2 改善受力状态。加固设计应防止结构构件的脆性破坏，应避免局部加强导致刚度和承载力发生突变。加固设计应符合原结构构件的薄弱部位，采取适当的加强措施，并防止薄弱部位的转移。《建筑抗震加固技术规程》JGJ 116 – 2009 相关条文说明指出，当加固后使本层受剪承载力超过相邻下一楼的 20% 时，需要同时增强下一楼层的抗震能力。框架结构加固应防止或消除不利于抗震的强梁弱柱等受力状态。

3 加强薄弱部位的抗震构造措施。建筑中不同类型结构构件的交接处、局部凸出变化处部位等易成为抗震薄弱部位，在抗震加固时应采取加强抗震构造措施。抗震加固时，新旧构件之间的可靠连接是保证加固质量和效果的关键。本规程对一些主要构件的连接提出了具体的要求，对某些部位的连接则提出原则性的要求，设计者应根据具体情况实施。新增的抗震墙、柱等竖向构件是要抵抗和传递地震作用的，因此，应上下连续并设置基础，不允许直接支撑在楼板上。女儿墙、门脸、出屋面烟囱、悬挂的装饰物等易倒塌的非结构构件应按本规程的规定，采取拆除、拆矮或增设拉结等措施。非结构构件的震害多是由连接构造失效或不符合要求造成的。暴露在外的受损非结构构件较容易发现，故而采取相应的处理措施，但隐蔽的非结构构件连接构造，一般多在加固过程中发现其受损或不符合要求。因此，在加固中应注意对非结构构件的连接构造进行仔细检查，发现非结构构件的连接构造受损或不合要求时，应予修复或加固。

3.2.6 本条在原规程第 3.2.6 条的基础上，结合《建筑抗震加固技术规程》JGJ 116 – 2009 第 3.0.3 条的相关要求补充修改而成。抗震加固的设计计算有其自身的特点，本条针对这些特点规定了抗震加固设计时应考虑的主要内容。

一般情况下，应在建筑的两个主轴方向分别进行抗震验算。对于 6 度时，除建造于Ⅳ类场地土的较高的高层建筑，以及本规程各章有具体规定的外，可不进行构件截面的抗震验算。

抗震加固抗震验算应采用符合加固设计确定的结构实际情况的计算简图和计算参数。当加固后的结构刚度和重力荷载代表值变化分别不超过加固前 10%和 5%时，可不再进行结构整体性的抗震分析。Ⅰ类建筑的抗震加固验算，可采用与抗震鉴定相同的简化方法，但应按加固设计的实际状况取体系影响系数和局部影响系数，其楼层综合抗震能力指数应大于 1.0。

3.2.7 本条是在原规程第 3.2.7 条的基础上修订而成的。主要修订有：

1 第 1 款依据《混凝土结构加固设计规范》GB 50367－2006 第 4.2.1 条和原规程第 3.2.7 条第 1 款，对于加固所用的最低混凝土强度等级做出的明确规定。

2 第 2 款依据原规程第 3.2.7 条第 1 款和第 2 款的要求进行的修改，将原砌筑砂浆强度等级不应低于 M7.5，修改为：砌筑砂浆强度等级宜比原砌体提高一级，且砖砌体不应低于M5；混凝土小型空心砌块砌体不应低于 Mb7.5。

3 第 3 款、第 4 款与现行《建筑抗震设计规范》GB 50011－2010 的要求保持一致。

4 增加了第 5 款。《工程结构加固材料安全性鉴定技术规范》GB 50728－2011，于 2011 年 12 月 5 日发布，并于 2012

年 5 月 1 日实施。为确保建筑结构加固工程的质量和安全，建筑抗震加固的相关方在选择使用第 5 款涵盖的加固材料及制品时，应要求供应方提供合格的材料及制品安全性鉴定报告。

3.2.8 本条在原规程第 3.2.8 条的基础上，结合《建筑抗震加固技术规程》JGJ 116 - 2009 的相关要求进行修订而成。主要修订有：

1 由于抗震加固的专业技术性较强，施工方应充分理解抗震加固设计的意图、方法和要求，特别是对施工方尚未掌握的一些特殊的加固材料、方法和质量要求，应与设计方进行充分的沟通。抗震加固施工现场多为狭窄或高空，给施工人员的作业带来诸多不便，施工安全尤为重要。因此，应针对抗震加固工程施工的特点，制订有针对性的施工安全方案和措施。

2 当对结构构件更换、拆改时，应采取有步骤的拆改和轻敲轻打等措施，尽可能避免或减少损伤原结构构件。同时，还应预先采取安全支护措施，防止施工不当导致结构构件垮塌的安全事故。

3 建筑的加固施工，既要在施工方案中对可能导致倾斜、开裂或局部倒塌等的情况进行分析，制订相应的预案和采取相应的预防措施，还要注意在施工过程中出现的结构构件变形增大、裂缝扩展或数量增多等异常情况，应及时采取相应的应急措施。对出现上述情况，以及在加固过程中发现原结构构件或相关隐蔽部位的构造存在严重缺陷的情况，均应及时告知设计方视其情况提出处理措施，不可盲目继续施工。

3.2.9 本条是修订时新增的条文。《建筑结构加固工程施工质量验收规范》GB 50550 – 2010 于 2010 年 7 月 15 日发布，并于 2011 年 2 月 1 日实施。该规范对混凝土结构、砌体结构和钢结构加固工程的施工质量验收做出了相关规定，本规程第 9 章也对质量检查与验收做出了较细的规定。本条的目的在于对建筑抗震加固施工质量提出验收要求，加强抗震加固施工质量的检验，确保建筑抗震加固的质量。

4 地基和基础

4.1 抗震鉴定

I 场地

4.1.2 地震造成建筑的破坏，除地震动直接引起结构破坏外，还有场地条件的原因，诸如：地震引起的地表错动与地裂，地基土的不均匀沉陷、滑坡和砂土液化等。在"5·12"汶川地震中，危险地段的房屋严重破坏，因此不应在危险地段建造房屋，已经建造在危险地段的，应按本条规定采取措施。

4.1.3 本条与《建筑抗震鉴定标准》GB 50023－2009 第 4.1.3 条等效。

在 2008 年 5 月 12 日发生的"5·12"汶川地震中，强风化岩石地基上的建筑也有明显的震害，鉴定时应予以注意，并对其地震稳定性、地基滑移及对建筑的可能危害进行评估。

4.1.4 含液化土的缓坡（1°～5°）或地下液化层稍有坡度的平地，在地震时可能产生大面积的土体滑动（侧向扩展），在现代河道、古河道地区，通常宽度在 50～100 m 或更大，其长度达到数百米，造成一系列地面裂缝或地面的永久性水平、垂直位移，其上的建筑与生命线工程或拉断或倒塌，破坏很严重。

Ⅱ 地基和基础

4.1.5 本条列出了对地基基础现状进行抗震鉴定应重点检查的内容。对震损建筑，尚应检查因地震影响引起的损伤，如有无沙土液化现象、基础裂缝等。

4.1.6 对于工业与民用建筑，地震造成的地基震害（如液化、软土震陷、不均匀地基的差异沉降等）一般不会导致建筑的坍塌或丧失使用价值，加之地基基础鉴定和处理的难度大，因此减少了需进行地基基础抗震鉴定的范围。本条第 4 款原为"8、9 度时，不存在软弱土、饱和砂土和饱和粉土或严重不均匀土层的乙、丙类建筑。"，既然 8、9 度的这种情况都可以不进行地基基础的抗震鉴定，那么 6、7 度也应该可以不进行地基基础的抗震鉴定。

4.1.9 考虑到对于独立基础和条基，上一版规定的 1.5 倍的基础宽度不一定能满足部分消除地基液化的深度要求；在 8、9 度时，这可能会造成因液化或震陷使建筑坍塌或丧失使用价值，因此进行了调整，删除了第 1 款中的"液化土的上界与基础底面的距离大于 1.5 倍基础宽度"这一项。

上一版的"承载力标准值"，按现行《建筑地基基础设计规范》GB 50007 改为"承载力特征值"。有研究表明，8 度时软弱土层厚度小于 5 m 可不考虑震陷的影响，但 9 度时，5 m 产生的震陷量较大，不能满足要求。

桩基的不验算范围，基本上同现行的《建筑抗震设计规范》GB 50011。

4.1.10 地基基础的第二级鉴定包括饱和沙土、饱和粉土的液化再判，软土和高层建筑的天然地基、桩基承载力验算及不利地段上抗滑移验算的规定。建筑物的存在加大了液化土的固结应力。研究表明，正应力增加可提高土的抗液化能力。当砂性土达到中密时，剪应力的加大也使其抗液化能力提高。

4.1.11 根据《建筑地基基础设计规范》GB 50007，将地基土承载力设计值改为地基土承载力特征值。在一定条件下，现有天然地基竖向承载力验算时，可考虑地基土的长期压密效应；水平承载力验算时，可考虑刚性地坪的抗力。

地基土在长期荷载作用下，物理力学特性得到改善，主要原因有：土在建筑荷载作用下的固结压密；机械设备的振动加密；基础与土的接触处发生某种物理化学作用。大量工程实践和专门试验表明，已有建筑的压密作用，使地基土的孔隙比和含水量减小，可使地基承载力提高20%以上；当基底容许承载力没有用足时，压密作用相应减少。

岩石和碎石类土的压密作用和物理化学作用不显著；黏土的资料不多；软土、液化土和新近沉积黏性土又有液化或震陷问题，承载力不宜提高，故其提高系数取1.0。

承受水平力为主的天然地基，指柱间支撑的地柱基、拱脚等。震害及分析证明：地坪可以很好地抵抗结构传来的基底剪力。根据实验结果，由柱传给地坪的力约在3倍柱宽范围内分布，因此要求地坪在受力方向的宽度不小于柱宽的3倍。由于地坪一般是混凝土的，属于脆性材料，而土是非线性材料，二者变形模量相差 4 倍，当地坪受压达到破坏时，土中的应力很小，二者不在同一时间破坏，故可选地坪抗力与土抗力二者中较大者进行验算。

4.1.13 在原地方标准中抗滑安全系数不应小于 1.2，抗倾覆安全系数不应小于 1.4，但《建筑抗震鉴定标准》GB 50023 – 2009 中分别为 1.1 和 1.2。原来地方标准主要是结合汶川地震震害情况，考虑到山区建筑的地质灾害较为严重，且《建筑地基基础设计规范》GB 50007 中分别为 1.3 和 1.6，结合鉴定时的房屋为现有建筑，将系数确定为 1.2 和 1.4。

4.2 抗震加固

4.2.1 现有建筑地基基础的处理需要十分慎重，应根据具体情况和问题的严重性采取因地制宜的对策。常用的地基基础加固方法包括基础补强注浆加固法、加大基础底面积法、加深基础法、锚杆静压桩法、树根桩法、坑式静压桩法、石灰桩法、注浆加固法、夯实水泥土桩法等，可参照《既有建筑地基基础加固技术规范》JGJ 123 和《建筑地基处理技术规范》JGJ 79 采用。本节加固方法除适用于不满足抗震鉴定要求时的地基基础加固以外，也可用于静力承载力或地基变形（基础沉降）不满足规范要求时的地基基础加固。对震损建筑加固时，应结合鉴定结果和震损情况综合考虑采用的加固方法。

4.2.2 抗震加固时，天然地基承载力的验算方法与《建筑抗震鉴定标准》GB 50023 的规定相同。与新建工程不同的是：

可根据具体岩土性状、已经使用的年限和实际的基底压力的大小计入地基的长期压密提高效应；其中考虑地基的长期压密效应时，需要区分加固前、后基础底面的实际平均压力，只有加固前的压力才可计入长期压密效应。

4.2.3 根据《建筑地基基础设计规范》GB 50007，将地基土承载力设计值改为地基土承载力特征值。地基基础的损坏一般难以直接看到，而是通过上部结构的损坏反映出来，而地基基础的加固难度较大，因此可以首先考虑通过加强上部结构的整体性和刚度，以弥补地基基础承载力的不足。本规程根据工程实践经验，将是否超过地基承载力特征值10%作为不同的地基处理方法的分界，尽可能减少现有地基的加固工作量。须注意的是，对于天然地基基础，其承载力系指计入地基长期压密效应后的承载力。当加固使基础增加的重力荷载的比例小于长期压密提高系数时，则不需要经过验算就可以判断为不超过地基承载力。

4.2.4 天然地基的抗滑阻力除了一般只考虑基础底面摩擦力和基础正面、侧面土层的水平抗力（被动土压力的 1/3）外，还可利用刚性地坪的抗滑能力。震害和试验表明，刚性地坪可很好地抵抗上部结构传来的地震剪力，抗震加固时可充分利用，只需设置不小于墙、柱横截面尺寸 3 倍宽度的刚性地坪（地坪抗力取墙、柱与地坪接触面积的轴心抗压强度计算）。还需注意的是，刚性地坪受压的抗力不可与土层水平抗力叠加，可取二者的较大值。

增设基础梁分散水平地震力时，一般按柱承受的竖向荷载的 1/10 作为基础梁的轴向拉力或压力进行设计计算。

4.2.5 现有地基基础抗震加固时，液化地基的抗液化措施，也要经过液化判别，根据地基的液化指数和液化等级以及抗震设防类别区别对待。通常选择抗液化处理的原则要求低于《建筑抗震设计规范》GB 50011 对新建工程的要求，对Ⅰ类建筑，仅对液化等级为严重的现有地基采取抗液化措施；对于乙类设防的Ⅱ类建筑，液化等级为中等时也需采取抗液化措施，见表 1。

表 1　现有地基基础的抗液化措施

设防类别	轻微液化	中等液化	严重液化
乙类	可不采取措施	基础和上部结构结构处理或其他经济措施	宜全部消除液化沉陷
丙类	可不采取措施	可不采取措施	宜部分消除液化沉陷或基础和上部结构处理

4.2.6 本条列举了现有地基消除液化沉降的常用处理措施，选用时应注意各种方法的适用范围并结合工程实际和根据各种方法的特点进行选用。

4.2.8 本条主要是针对严重不均匀地基以及对不均匀沉降变形敏感的和重点的建筑物，应以实测资料作为工程质量检查的依据之一。建筑物的沉降变形观测包括从加固施工开始，整个加固施工期内和使用期间对建筑物进行的沉降变形观测。根据工程经验，当最后 100 d 的沉降变形速率小于 0.01 mm/d 时，可认为建筑物沉降变形进入稳定阶段。当建筑荷载增加不多且抗震加固措施可以有效地增强上部结构抵抗不均匀沉降变形的能力时，可不进行使用期间的沉降变形观测。

4.2.9　随着加固技术的发展和进步，新的地基基础加固方法不断出现。在选择地基基础的加固方法时，可根据地基基础抗震鉴定及震害损伤检查结果，从行业标准《既有建筑地基基础加固技术规范》JGJ 123中选择适当的加固方法，如基础补强注浆加固法、石灰桩法等。

5 多层砌体房屋

5.1 一般规定

I 抗震鉴定

5.1.2 对原 5.1.1 条进行局部修订,原规范完全按设计时间节点划分房屋鉴定类别,本次修订考虑到我省执行"89 抗规"存在过渡期的问题,故采用按时间段及执行的抗震设计标准为节点划分房屋抗震类别。

II 抗震加固

5.1.5 因本条的加固原则适合砌体结构,因此将原版适用范围"砖墙"扩大到了"砖墙和砌块墙"。

5.2 I 类砌体结构房屋抗震鉴定

5.2.8 明确了"直接评为综合抗震能力不满足抗震鉴定要求",取消了原文"易损部位非结构构件的构造不符合要求"的内容。

5.3 II 类砌体结构房屋抗震鉴定

5.3.1 增加了圈梁、构造柱混凝土强度等级最低要求。

5.3.2 增加了"当房屋层数和高度超过最大限值时,应提高对综合抗震能力的要求或提出采取改变结构体系等抗震减灾措施"，对可以通过提高综合抗震能力或采取改变结构体系等抗震减灾措施来解决房屋因层数或总高度超规定所带来不利影响的房屋，通过抗震加固提高房屋的抗震性能比简单的减层数或层高的方法更具有可操作性。

5.3.19 Ⅱ类砌体结构房屋抗震承载力验算，采用《建筑抗震设计规范》GBJ 11 - 89 的要求进行鉴定。由于《建筑抗震设计规范》 GBJ 11 - 89 已经废止，因此本规程采用现行国家标准《建筑抗震设计规范》GB 50011 的方法进行抗震分析，按照《建筑抗震设计规范》 GBJ 11 - 89 的材料性能指标和计算公式进行抗震承载力验算。

5.4 Ⅲ类砌体结构房屋抗震鉴定

5.4.1 增加圈梁、构造柱混凝土强度等级最低要求。

5.4.2 增加"当房屋层数和高度超过最大限值时，应提高对综合抗震能力的要求或提出采取改变结构体系等抗震减灾措施"，对可以通过提高综合抗震能力或采取改变结构体系等抗震减灾措施来解决房屋因层数或总高度超规定所带来不利影响的房屋，通过抗震加固提高房屋的抗震性能比简单的减层数或层高的方法更具有可操作性。

5.4.6 将多层小砌块房屋的相关规定合并至本条。根据汶川地震震害，参照《建筑抗震设计规范》GB 50011 - 2010 的相关规定对构造柱及芯柱提出要求。

5.4.11 根据汶川地震震害，参照《建筑抗震设计规范》

GB 50011 – 2010 的相关规定加强楼梯间的延性要求。

5.4.20 Ⅲ类砌体结构房屋抗震承载力验算，采用《建筑抗震设计规范》GB 50011 – 2001 的要求进行鉴定。由于《建筑抗震设计规范》GB 50011 – 2001 已经废止，因此本规程采用现行国家标准《建筑抗震设计规范》GB 50011 – 2010 的方法进行抗震分析，按照《建筑抗震设计规范》GB 50011 – 2001 的材料性能指标和计算公式进行抗震承载力验算。

5.5　抗震加固方法

5.5.1 对砌筑砂浆饱满度差或砌筑砂浆强度等级偏低的墙体，采用满墙灌浆的加固方法达不到整体砂浆强度等级提高一级的效果。

在混凝土结构加固设计规范中之所以规定了粘贴纤维复合材的加固方法不适用于素混凝土构件的加固，是因为在结构设计计算中，不考虑混凝土抗拉作用，故认为全部拉应力由外粘纤维复合材来承受是不可靠的；而在墙体的抗剪加固中，即使原墙体的砌筑砂浆抗压强度仅为 0.4 MPa，也并不是全部剪力是由外粘纤维复合材来承受的，因此认为粘贴纤维复合材对无筋砌体的加固来说还是可行的，但墙体不应存在裂缝。

5.5.2 当采用双面钢筋网砂浆面层或钢筋混凝土板墙加固墙体时，在上下两端设配筋加强带能够起到圈梁的作用，因此，在第 4 款中增加了"当采用双面钢筋网砂浆面层或钢筋混凝土板墙加固，且在上下两端增设配筋加强带时，可不另圈梁"。

5.5.3 因隔墙过长、过高时，稳定性较差，可采用钢筋网水泥砂浆面层进行加固处理，因此，在第 2 款中增加"当隔墙过长、过高时，可采用钢筋网水泥砂浆面层进行加固"。实际调查发现，不少工程中存在砖隔墙直接放置在预制板或现浇板上，甚至有个别项目将承重墙放置在板上，将会导致板超载，传力路径不明确，存在安全隐患，增加了第 7 款的内容。

5.5.5　鉴于现有的 I 类空斗墙房屋和普通黏土砖墙的墙厚小于 180 mm 的房屋属于早期建造，20 世纪 80 年代后已不允许建造，由于其抗震性能差，如需继续使用的，应进行加固处理。

5.6　抗震加固设计及施工

I　面层加固法

5.6.1　因面层加固法的概念解释与术语中的解释不同，取消原条文中的"高强度钢丝绳和聚合物砂浆面层"。后面单列钢绞线网-聚合物砂浆面层加固法。

5.6.2　为了使钢筋网水泥砂浆面层加固法有效，对原砌体砌筑砂浆的强度等级进行了限制。

5.6.3　根据"四节一环保"的要求，提倡应用高强、高性能钢筋。推广 400 MPa 级高强热轧带肋钢筋作为受力的主导钢筋，限制并准备逐步淘汰 335 MPa 级热轧带肋钢筋的应用；用 300 MPa 级光圆钢筋取代 235 MPa 级光圆钢筋。

5.6.6　本条强调了钢筋网的保护层厚度及钢筋距墙面空隙、钢筋网与墙面的锚固、钢筋网与周边原有构件的连接。试验和现场检测发现，钢筋网竖向钢筋紧靠墙面会导致钢筋与墙体无黏结，加固失效；试验表明，采用 5 mm 间隙可有较强黏结能力。钢筋网的保护层厚度应满足规定，以保护钢筋，提高面层加固的耐久性。

面层加固可根据综合抗震能力指数控制，只在某一层进行，不需要自上而下延伸至基础。但在底层，为增强底部锚固和提高耐久性，面层在室（内）外地面以下宜加厚并向下延伸500 mm。

5.6.7 因混凝土小型空心砌块的孔洞较大，采用单侧加固锚筋无可靠锚固，加固效果难以保证。

5.6.8 现场检查发现，因按图布孔，大部分孔位在块材上，部分钻孔采用冲击钻，钻孔造成块材裂缝、断裂，影响锚筋锚固及墙体受力；因施工措施不当，造成最终的砂浆层空鼓、裂缝、分层，严重影响加固质量。因此本条强调了孔位的位置和砂浆分遍成活的要求。

II 板墙加固法

5.6.13 进一步明确双面板墙加固墙体的增强系数，当双面的设计总厚度达到 140 mm 时，可直接按新增钢筋混凝土抗震墙对待。即对于原设计 240 mm 厚的墙体，相当于双面加固的增强系数取为 3.8（≤M7.5）和 3.5（M10）。

5.6.14 板墙加固墙体的基本顺序（原墙面清底、钻孔并用水冲刷，铺设钢筋网并安设锚筋，浇水湿润墙面）与面层加固墙面是相同的。板墙可支模浇筑或采用喷射混凝土工艺，板墙厚度较薄时应优先采用喷射混凝土工艺。

Ⅲ 增砌墙体加固法

5.6.18 现场检查发现，部分项目采用膨胀螺栓与原构件连接，新增拉结钢筋与膨胀螺栓焊接，遭遇地震时，膨胀螺栓被拔出，墙体外闪、倒塌；因此本次将原条文中的螺栓改为锚栓。

新增砌体抗震墙应有基础，为防止新旧地基的不均匀沉降造成墙体开裂，按工程经验将基础宽度加大 15%。

Ⅳ 增设钢筋混凝土抗震墙加固法

5.6.22 为了避免新增抗震墙布置不均匀致使结构产生扭转，以及避免新增墙体后楼层刚度突变，对墙体布置提出了要求。

5.6.23 实际工程调查发现，存在因设计失误或规范变动等原因所致的结构加固，因此补充了高强度砌筑砂浆的增强系数。

Ⅴ 增设构造柱加固法

5.6.27 因增设构造柱为竖向传荷构件，部分位置荷载较大且应力集中，其基础截面应由设计人员根据地基情况计算确定。

5.6.28 增设构造柱的钢筋混凝土销键适用于砂浆强度等级低于 M2.5 的墙体；砂浆强度等级为 M2.5 及以上时，可采用其他连接措施。

Ⅵ 增设圈梁、钢拉杆加固法

5.6.31 因胀管螺栓用得较少，取消胀管螺栓；取消钢筋混凝土圈梁与墙体的连接中的螺栓，容易误导为膨胀螺栓。

Ⅶ 粘贴纤维复合材加固法

5.6.36 根据粘贴纤维增强复合材的受力特性，本条规定了这种方法仅适用于砖墙平内抗剪加固和抗震加固。当有可靠依据时，粘贴纤维复合材也可用于其他形式的砌体结构加固，如墙体平面外受弯加固等。

5.6.37 考虑到纤维复合材与砌体的黏结性能及其适用的条件，规定了现场实测的砖强度等级不得低于 MU7.5，砂浆强度等级不得低于 M2.5，并且要求原墙体表面不得有裂缝、腐蚀和风化。否则，建议采用其他合适的方法进行加固。

5.6.39 本条强调了纤维复合材不能设计为承受压力，而只能将纤维受力方式设计为承受拉应力作用。

5.6.40 本条规定粘贴在砌体表面的纤维复合材不得直接暴露于阳光或有害介质中。为此，其表面应进行防护处理，以防止长期受阳光照射或介质腐蚀，从而起到延缓材料老化、延长使用寿命的作用。

5.6.41 本条规定了采用这种方法加固的结构，其长期使用的环境温度不应高于 60 ℃。但应当指出的是，这是按常温条件下，使用普通型结构胶黏剂的性能确定的。当采用耐高温胶黏剂黏结时，可不受此规定限制。另外，对其他特殊环境(如高温高温、介质侵蚀、放射等)采用粘贴纤维复合材加固时，除应遵守相应的国家现行有关标准的规定采取专门的粘贴工艺和相应的防护措施外尚应采用耐环境因素作用的结构胶黏剂。

5.6.42 为了确保被加固结构的安全，本规程统一制定了纤维复合材的设计计算指标。这对设计人员而言，不仅较为方便，而且还不至于因各自取值的差异，而引发争议；也不至于因厂商炒作的影响，贸然采用过高的计算指标而导致结构加固出问题。

5.6.43 粘贴纤维复合材的胶黏剂一般是可燃的，故应按照现行国家标准《建筑设计防火规范》GB 50016 规定的耐火等级和耐火极限要求，对纤维复合材进行防护。

5.6.44 为了说明纤维复合材对砌体墙面内受剪加固的方法，推荐了几种粘贴纤维复合材的方式。

5.6.45、5.6.46 对采用纤维复合材加固后的砌体墙，其平面内受剪承载力的确定，可简化为原砌体的受剪承载力加上纤维复合材的贡献。另外规定了其受剪承载力的提高幅度不应超过40%，目的是保证即使加固作用失效，在静力荷载下也不至于破坏或倒塌。碳纤维强度的取值按照混凝土构件抗剪加固的碳纤维取值的一半确定。

5.6.48 原砌体的抗震受剪承载力计算与现行国家标准《砌体结构设计规范》GB 50003 规定相同，而碳纤维的贡献可以简单地认为其抗震受剪承载力与非受震下的受剪承载力相同。这样处理是偏于安全的。

5.6.49 为了避免出现薄弱部位，规定了纤维带的间距。

5.6.53 5.6.50～5.6.53 条推荐了纤维复合材端部及中部的锚固方式，锚固的可靠性是决定加固是否成功的关键；当有可靠经验时，也可以采取其他锚固方式。

Ⅷ 钢丝绳网-聚合物改性水泥砂浆面层加固法

5.6.54 根据钢丝绳网聚合物砂浆的受力特性，从严格控制其应用范围出发,本条规定了这种方法仅适用于烧结普通砖墙平面内受剪加固和抗震加固。

5.6.55 本条规定了采用这种方法加固的结构,其长期使用的环境温度不应高于 60 ℃。当采用耐高温聚合物改性水泥砂浆时,可不受此规定限制。另外,对其他特殊环境(如高温高温、介质侵蚀、放射等)除应遵守相应的国家现行有关标准的规定采取专门的工艺和相应的防护措施外,尚应采用耐环境因素作用的聚合物改性水泥砂浆。

5.6.56、5.6.57、5.6.58 为了确保被加固结构的安全,本规程统一制定了不锈钢钢丝绳和镀铸钢丝绳的强度、弹性模量和计算截面等设计计算指标。这对设计人员而言,不仅较为方便,而且还不至于因各自取值的差异而引发争议;也不至于因厂商炒作的影响,贸然采用过高的计算指标而导致结构加固出问题。

5.6.59 钢丝绳网-聚合物改性水泥砂浆在高温下材料强度退化明显,故应按照现行国家标准《建筑设计防火规范》GB 50016 规定的耐火等级和耐火极限要求,对钢丝绳网-聚合物砂浆面层进行防护。

5.6.60 采取措施卸除或大部分卸除作用在结构上的活荷载,目的是减少二次受力的影响,尽量使钢丝绳网的强度能够较充分发挥。

5.6.61 考虑到聚合物改性水泥砂浆与砌体的黏结性能,规定现场实测的原构件砖强度等级不得低于 MU7.5,砂浆强度等级不得低于 M1.0,并且墙体表面不得有裂缝、腐蚀和风化。否则,建议采用其他合适的方法进行加固。

5.6.63、5.6.64 对采用钢丝绳网聚合物砂浆加固后的砌体墙，其平面内受剪承载力的确定，可简化为原砌体的受剪承载力加上钢丝绳网-聚合物砂浆的贡献。另外规定了其受剪承载力的提高幅度不应超过40%，目的是保证即使加固作用失效，在静力荷载下也不至于破坏或倒塌。

5.6.66 原砌体的抗震受剪承载力计算与现行国家标准《砌体结构设计规范》GB 50003 规定相同，而钢丝绳网-聚合物砂浆的贡献可以简单地认为其抗震受剪承载力与非抗震下的受剪承载力相同。这样的处理是偏于安全的。

5.6.67、5.6.68 本规程规定了水平钢丝绳网的布置方式及其端部的锚固方式，但应理解为是对设计的最低要求。考虑到锚固的可靠性是决定加固是否成功的关键，因此，当有可靠经验时，鼓励采取其他更好的锚固方式。

6 多层和高层钢筋混凝土房屋

6.1 一般规定

I 抗震鉴定

6.1.1 明确本章适用范围。

6.1.3 目前我国对高层民用建筑结构的抗震鉴定研究尚不充分，故除应满足本规程相关的规定外，尚应参照《高层建筑混凝土结构技术规程》JGJ 3 的相关规定进行鉴定。

6.1.2 本次规程修订重新定义了房屋分类，条文作相应修改，不再以日期为分类界限。

6.1.4 "5·12"汶川地震中，建筑物的非结构构件，如女儿墙、楼梯间墙体等，大量掉落伤人，因此鉴定时应予以注意。

II 抗震加固

6.1.7 本条规定了建筑物抗震加固后抗震承载力验算的方法，明确了建筑物加固后综合抗震能力指数验算时相关参数的取值方法。

6.2 I类钢筋混凝土房屋抗震鉴定

II 第二级鉴定

6.2.13 明确 I 类钢筋混凝土房屋的第二级鉴定也可按照现

行国家标准《建筑抗震设计规范》GB 50011 的方法进行抗震计算分析。

6.3 Ⅱ类钢筋混凝土房屋抗震鉴定

6.3.34 Ⅱ类钢筋混凝土房屋抗震承载力验算，采用《建筑抗震设计规范》GBJ11–89 的要求进行鉴定。由于《建筑抗震设计规范》GBJ11–89 已经废止，因此本规程采用现行国家标准《建筑抗震设计规范》GB50011 的方法进行抗震分析，按照《建筑抗震设计规范》GBJ11–89 的材料性能指标和计算公式进行抗震承载力验算。

6.4 Ⅲ类钢筋混凝土房屋抗震鉴定

6.4.35 Ⅲ类钢筋混凝土房屋抗震承载力验算，采用《建筑抗震设计规范》GB 50011–2001 的要求进行鉴定。由于《建筑抗震设计规范》GB 50011–2001 已经废止，因此本规程采用现行国家标准《建筑抗震设计规范》GB 50011–2010 的方法进行抗震分析，按照《建筑抗震设计规范》GB 50011–2001 的材料性能指标和计算公式进行抗震承载力验算。

6.5 抗震加固方法

6.5.1 增加了各种加固方法的应用范围，同时增加隔震加固方法的应用范围。

6.5.2 对女儿墙等易倒塌部位进行说明。

6.6 抗震加固设计及施工

6.6.1 在框架柱之间增设抗震墙或增加已有抗震墙的厚度，或在柱两侧增设翼墙，是提高框架结构抗震能力以及减小扭转效应的有效方法。增设抗震墙或翼墙的主要问题是要确保新增构件与原构件的连接，以便传递剪力。对于新、旧构件的连接，本规程根据目前情况提出了两种方法：一种是锚筋连接，这种方法需要在原构件上钻孔，锚筋需用环氧树脂一类的高强胶锚固，施工质量要求高；另一种是钢筋混凝土套连接，钢筋混凝土套连接是一种更适合我国目前施工水平的方法。

增设抗震墙会较大地增加建筑自重，采用时要考虑基础承载力的可能性；增设翼墙后梁的跨度减小，有可能形成梁的剪切脆性破坏，适合于大跨度结构采用。

Ⅲ 隔震加固法

6.6.5 本条主要参照《建筑抗震设计规范》GB 50011 第 12 章的规定，对采用隔震加固框架结构的设计提出了要求。采用基础隔震加固技术对建筑场地有一定的要求，硬土场地比较适合隔震的房屋。Ⅰ、Ⅱ类场地以及地震分组为第一组和第二组时的Ⅲ类场地，都可以很好地满足隔震结构的场地要求。但需注意地震分组为第三组时的Ⅲ类场地，此时，场地特征周期较长，隔震后结构的自振周期可能比较接近场地的卓越周期，可能导致隔震效果不理想。因此，当需要加固的建筑位于第三组Ⅲ类场地上时，宜优先选择其他类型的加固手段。由于在既有建筑物下部增设了隔震层，改变了原有结构的传力途径，需要对原有墙、柱托换和加大原有基础的尺寸。根据《叠层橡胶支座隔震技术规程》CECS 126 的规定，在基础隔震建筑中，上部结构的首层楼板宜采用钢筋混凝土楼板，且楼板厚度不小于160 mm。隔震支座上部的纵横梁应采用现浇钢筋混凝土结构。因此，在隔震加固中，必须对隔震层上的首层楼面的梁、板的刚度和承载力进行加强，以满足隔震加固后结构中上部结构的要求。隔震加固设计中，应尽量使隔震层的刚性与上部结构的质心一致，避免产生扭转。如果由于建筑物的不规则和柱网尺寸的限制，扭转难以避免时，可采用与隔震支座独立的阻尼器，尽量使隔震层的刚性与上部结构的质心重合，避免隔震层的扭转。阻尼器宜布置在建筑物的外围。

6.6.6 隔震施工中，由于隔震层的水平刚度较小，为防止建筑物因不均匀沉降或偶然水平作用而受到破坏，应采用临时支撑（室内柱剪刀撑、室外型钢斜支撑）来加强其水平刚度。芦山地震中，发现某些隔震建筑在施工、后期装修中，存在限制上部结构在地震时发生位移的障碍物，导致隔震功能不能充分发挥。因此，应在隔震层可移动的部位设置明显标示，并经常检查是否存在限制隔震结构位移的情况，确立有效的维护管理机制。

Ⅳ 钢构套加固法

6.6.7 框架梁、柱采用外包钢进行加固，是提高梁柱承载力、改善结构延性的切实可行的方法。梁柱采用角钢或钢筋混凝土套加固后抗震性能的试验研究证明，加固梁柱后能保证结构的整体性能。采用钢构套加固梁柱对原结构的刚度影响较小，可避免地震反应增加过大。

V 钢筋混凝土套加固法

6.6.8 在加固混凝土结构时，对原结构的表面处理很重要，条文提出的施工要求，是为了使原结构与新混凝土之间黏结牢固，达到协同工作的目的。

对新增受力钢筋与原结构受力钢筋焊接时，应分区分段分层进行施焊，目的是尽量减少原受力钢筋的热变形，使原结构的承载力不致遭受较大的影响。

IX 置换混凝土加固法

6.6.21 采用置换法加固构件时，最好是完全卸载，确有困难时也应部分卸载，这样一则可确保施工阶段的安全，另外，对以后构件的受力也有好处。

XI 填充墙加固

6.6.23 墙体与框架梁柱的连接，本章提出的方法是简单可行的，适合于单独加强墙与梁柱的连接时采用。墙与梁柱的连接尽可能在框架结构的全面加固时通盘考虑，也可由设计人员根据抗震鉴定标准的要求，结合具体情况专门进行设计。

7 底部框架和多层多排柱内框架砖房

7.1 一般规定

Ⅰ 抗震鉴定

7.1.1 参照《建筑抗震鉴定标准》GB 50023-2009 将适用范围修改为抗震设防类别为丙类的房屋。

Ⅱ 抗震加固

7.1.5 对层数和总高度超过本规程要求的房屋提出相应加固措施。

7.2 Ⅰ类底层框架和多层多排柱内框架砖房抗震鉴定

7.2.1 对于Ⅰ类底层框架和多层多排柱内框架砖房，可分为两级，第一级鉴定应以宏观控制和构造鉴定为主进行综合评价，第二级鉴定应以抗震验算为主结合构造影响进行综合评价。底层框架和多层多排柱内框架砖房为砖墙和钢筋混凝土框架混合承重的结构体系，其两级鉴定方法可将第 5、6 两章的方法合并使用。

7.2.4 对框架混凝土实际达到的强度等级提出要求。

7.3　Ⅱ类底层框架和多层多排柱内框架砖房抗震鉴定

7.3.5　底层框架-抗震墙房屋的底层与上部各层的抗侧力结构体系不同，为使楼盖具有传递水平地震力的刚度，要求底层顶板为现浇或装配整体式的钢筋混凝土板。

底层框架-抗震墙和多层多排柱内框架房屋的整体性较差，层高较高，又比较空旷，为了增强结构的整体性，要求各装配式楼盖处均设置钢筋混凝土圈梁。现浇楼盖与构造柱的连接要求，同多层砖房。

7.3.9　Ⅱ类底层框架和多层多排柱内框架砖房抗震承载力验算，采用《建筑抗震设计规范》GBJ 11 - 89 的要求进行鉴定。由于《建筑抗震设计规范》GBJ 11 - 89 已经废止，因此本规程采用现行国家标准《建筑抗震设计规范》GB 50011 的方法进行抗震分析，按照《建筑抗震设计规范》GBJ 11 - 89 的材料性能指标和计算公式进行抗震承载力验算。

7.4　Ⅲ类底部框架–抗震墙和多层多排柱内框架砖房抗震鉴定

7.4.5　底部框架-抗震墙房屋和多层多排柱内框架房屋的钢筋混凝土结构部分，其抗震要求原则上均应符合本规程第 6 章的要求。考虑到底部框架-抗震墙房屋高度较低，底部的钢筋混凝土抗震墙应按低矮墙或开竖缝墙设计，其抗震等级可比钢筋混凝土抗震墙结构的框支层有所放宽。

7.4.9　多层多排柱内框架砖房的楼、屋盖，应采用现浇或装配整体式钢筋混凝土板。采用现浇钢筋混凝土楼板时可不设圈梁，但楼板沿墙体周边应有加强筋并应与相应的构造柱有可靠连接。

7.4.18 Ⅲ类底部框架-抗震墙和多层多排柱内框架砖房抗震承载力验算，按照《建筑抗震设计规范》GB 50011－2001 的要求进行鉴定。由于《建筑抗震设计规范》GB 50011－2001 已经废止，因此本规程采用现行国家标准《建筑抗震设计规范》GB 50011－2010 的方法进行抗震分析，按照《建筑抗震设计规范》GB 50011－2001 的材料性能指标和计算公式进行抗震承载力验算。

8 单层空旷房屋

8.1 一般规定

Ⅰ 抗震鉴定

8.1.1 本章抗震鉴定的适用范围主要是砖墙承重的单层空旷房屋。

8.1.2 本条列举了单层空旷房屋鉴定的具体项目，使鉴定要求规范。

Ⅱ 抗震加固

8.1.3 本条强调了单层空旷房屋加固的重点。单层空旷房屋是指影剧院、礼堂、餐厅等空间较大的公共建筑，往往是由中央大厅和周围附属的不同结构类型房屋组成的以砌体承重为主的建筑。这种建筑的使用功能要求较高，加固难度较大，需要针对存在的抗震问题，从结构体系上予以改善。

8.1.6 针对砖墙承重的空旷房屋适用范围的限制，当按鉴定结果的要求，需要采用钢筋混凝土柱、组合柱承重时，则加固应增设相关构件、改变结构体系或采取提高墙体（垛）承载力又提高延性的措施，达到现行国家标准《建筑抗震设计规范》GB 50011 的相应要求。

8.2　Ⅰ类单层空旷房屋抗震鉴定

8.2.1　本节仅规定单层空旷房屋的大厅及附属房屋相关的鉴定内容，与附属房屋自身结构类型有关的鉴定内容，不再重复规定。

8.2.2　单层空旷房屋的震害特征不同于多层砖房，根据其震害规律，提出了不同烈度下的薄弱部位，作为检查的重点。

8.2.3　本条规定了大厅与附属房屋连接整体性要求。

8.3　Ⅱ类单层空旷房屋抗震鉴定

8.3.9　Ⅱ类单层空旷房屋抗震承载力验算，采用《建筑抗震设计规范》GBJ 11－89 的要求，按照现行规范的分析方法进行。

8.4　Ⅲ类单层空旷房屋抗震鉴定

8.4.11　Ⅲ类单层空旷房屋抗震承载力验算，采用《建筑抗震设计规范》GB 50011－2001 的要求，按照现行规范的分析方法进行。

8.5　抗震加固方法

8.5.1　提高砖柱（墙垛）承载力的方法，根据试验和加固后的震害经验总结，要根据实际情况选用：

　　壁柱和混凝土套加固，其承载力、延性和耐久性均优于钢筋砂浆面层加固，但施工较复杂且造价较高。一般乙类设防时和 8、9 度的重屋盖采用。

钢构套加固，着重于提高延性和抗倒塌能力，但承载力提高不多，适合于 6、7 度和承载力差距在 30%以内时采用。

8.5.2 本条列出了提高整体性的加固方法，如采用增设支撑、支托、圈梁加固。

8.5.3 砌体的山墙山尖，最容易破坏且因高度较大使加固施工难度大；震害表明，轻质材料的山尖破坏较轻，特别在高烈度时更为明显；实践说明，高大墙体除采用增设扶壁柱加固外，山墙的山尖改为轻质材料，是较为经济、简便易行的。

8.6　抗震加固设计与施工

8.6.3

　　1　计算组合柱的刚度时，加固面层与砖柱视为组合砖柱整体工作，包括面层中钢筋的作用。因计算和试验均表明，钢筋的作用是显著的。

　　确定组合砖柱的计算高度时，对于 9 度地震，横墙和屋盖一般有一定的破坏，不具备空间工作性能，屋盖不能作为组合砖柱的不动铰支点，只能采用弹性方案；对于 8 度地震，屋盖结构尚具有一定的空间工作性能，因而可采用弹性和刚弹性两种计算方案。

　　2　对 T 形截面砖柱，为了简化侧向刚度计算而不考虑翼缘，当翼缘宽度不小于腹板宽度 5 倍时，不考虑翼缘将使砖柱刚度减少 20%以上，周期延长 10%以上。因而相应的计算周期需予以折减。

3 试验研究和计算结果表明，面层材料的弹性模量及其厚度对组合砖柱的刚度值有很大的影响，因而面层不宜采用较高强度等级的材料和较大的厚度，以免地震作用增加过大。由于水泥砂浆的拉伸极限变形值低于混凝土的拉伸极限值较多，容易出现拉伸裂缝，为了保证组合砖柱的整体性和耐久性，规定砂浆面层内仅采用强度等级较低的 HPB235 级钢筋。

Ⅲ 钢构套加固

8.6.6 本条给出了增设钢构套加固墙垛的构造要求。

1 钢构套加固，构件本身要有足够的刚度和强度，以控制砖柱的整体变形和保证钢构套的整体强度；加固着重于提高延性和抗倒塌能力，但承载力提高不多，适合于 6、7 度和承载力差距在 30% 以内时采用，一般不做抗震验算。

2 钢构套加固砖垛的细部构造应确实形成砖垛的约束，为确保钢构套加固能有效控制砖柱的整体变形，纵向角钢、缀板和拉杆的截面应使构件本身有足够的刚度和承载力，其中横向缀板的间距比钢结构中相应的尺寸大，因不要求角钢肢杆充分承压，且角钢紧贴砖柱，不像通常的格构式组合钢柱中能自由地失稳。

3 构件需要一定的腐蚀裕度，以具备耐久性。

采用本方法需注意钢构套角钢的上下端应有可靠连接，钢构套缀板在柱上下端和柱变截面处，间距应加密。

9 质量检查与验收

9.1 一般规定

9.1.1 对抗震加固工程的设计文件提出管理的具体要求，包含设计文件深度、施工图审查应符合相关管理规定。

9.1.4 对施工单位第一次采用的成熟的技术、工艺、设备、材料，凡加固施工单位第一次采用，若施工存在一定的技术难度和危险性，也应按"四新技术"要求遵循本条规定。

9.2 工程质量控制

9.2.1～9.2.4 对抗震加固工程的材料和设备提出要求，从设计要求、进场验收、质量文件和抽样复检等方面进行了规定。

9.2.5～9.2.8 对抗震加固工程的施工过程检验进行了规定，对每道工序、各专业工种均应进行检查，并强调施工单位的自检、互检和交接检，考虑到规模较小的加固工程可能无监理单位，检查实施人可由建设单位技术负责人担任。

9.2.9 因为工序是指施工的过程，只能按要求规程操作，不能检测，且该段前半段修改后已表述清楚，该段修改后面的"对涉及抗震加固工程结构安全的重要工序应进行抽样检测"，增加了对影响加固结构安全的重要工序进行旁站监理。

9.3 工程质量验收

9.3.2 对抗震加固工程验收进行了规定，考虑到抗震加固工程的具体特点，并且一个工程可能会包含几种加固方法，根据目前常用的加固方法，对每种加固方法的工艺过程进行了划分，并给出附表，可作为加固工程质量检查、中间验收和竣工验收的参考。

9.3.5~9.3.8 对抗震加固工程验收的组织和程序做出要求，并对各检验批、加固工程竣工合格标准做出规定。9.3.5 条局部修改：原文引用标准时，用了标准的代号 GB 50300 不妥，因其他标准可能会遇修改后重新颁布的情况，其代号会发生变化但名称一般不变，引用规范和标准时不宜引用其代号，以免过时。

9.3.10 对抗震加固工程验收不合格时的处理原则做出具体规定，特别强调对返工后仍不能满足安全使用要求的加固工程，严禁验收。

10 拆除与加固施工安全技术

10.1 一般规定

10.1.4 拆除与加固专项施工方案主要应包括以下内容：

1 工程概况。

2 工程地质及现场环境情况。

3 加固部位原结构及震损情况。

4 拆除与加固施工工艺、程序、方法及安全保障措施。

5 所需监测项目、方法及建筑结构相应的允许值、报警值。

6 所需材料、机具设备、劳动力安排及施工进度计划。

7 施工安全组织保障体系。

8 应急处置预案。

9 相关安全验算书（建筑主体承力结构需局部拆除的，必须对房屋的主体结构安全性进行验算，需临时加固的，还应对临时加固结构的安全性进行验算）。

10.2 拆除施工

10.2.1 拆除工程由于对结构及荷载情况的不了解，曾出过重大事故，本条增加了拆除之前要进行结构荷载及传递路径的分析及拆除方案的制订。

屋面板不对称拆除时，会造成屋架的不均匀受力，屋架的某些杆件内力可能会超过设计值，造成屋架失去稳定而破坏，因此，拆除屋面板等屋架上的荷载时，应尽量保持未拆除部分的对称性。

Ⅰ 人工拆除

10.2.10 拆除管道及容器时，应根据不同残留物的性质采取相应的措施，一般应尽可能排空残留液体，以减轻拆除物的重量并方便施工。管道或容器中如为易燃的油料或其他易挥发性的易燃液体，即使排空后，也不能进行焊接作业，并要防止明火。管道或容器内如为易挥发性的有毒液体或气体，作业人员要有相应的防护措施，防止有毒物质的侵害。

Ⅱ 机械拆除

10.2.11 机械拆除时，机械施加于构件的作用力较大且不易把握，容易发生连锁反应造成保留部分的倒塌和破坏，因此，拆除时应先将保留部分进行加固并注意仔细操作和观察，有不稳定状态趋势时，应立即停止作业。

10.2.17 拆除作业中，使用起重机进行拔桩或其他不明埋设物，或者对还处于连接状态的构件强行拉断，都有可能造成起重机倾覆，必须严格禁止。

Ⅲ 爆破拆除

10.2.18 爆破拆除工程应按住房和城乡建设部要求编制专项施工方案。

10.2.20 爆破振动对邻近建筑和设施的影响程度可按建筑物质点垂直振动速度允许值（表2）进行简易评估：

$$v = K\left(\frac{\sqrt[3]{Q}}{R}\right)^{\alpha} \qquad (1)$$

式中　v ——建筑物质点垂直振动速度（mm/s）；

　　　Q ——炸药用量（kg）；

　　　R ——爆源至被保护建筑物距离（m）；

　　　K ——与岩土性质、爆破方法等条件有关的系数，岩石中为 300～700，土体中为 1 500～2 500；

　　　α ——爆破地震随距离衰减的系数，一般为 1.5～2.5，较远取 1.5，较近取 2.0。

表2　建筑物、构筑物爆破振动速度允许界限

项　次	建筑物和构筑物类别	振速临界值(mm/s)
1	安装有电子仪器设备的建筑物	≤35
2	质量差的古、旧房屋	50～70
3	质量较好的砖石建筑物	100～120
4	坚固的混凝土建筑物、构筑物	≤200
5	土质边坡	≤50

10.3　加固施工

Ⅰ　地基和基础

10.3.2　开挖深度小于 5 m 的浅基槽时可参考表3选择浅基槽边坡支撑形式。当开挖深度大于 5 m 或开挖深度小于 5 m 但地质条件复杂、地下水位高的，应进行专门论证，确保基槽边坡稳定。

表3 常见浅基槽边坡支撑形式

支撑名称	支撑方法	适用条件
间断式水平支撑	两侧挡土板水平放置，用工具式或木横撑借木楔顶紧，挖一层土支顶层(图1a)	适于能保持立壁的干土或天然湿度的黏土类土，地下水很少，深度在2 m以内
断续式水平支撑	挡土板水平放置，中间留出间隔，并在两侧同时对称立竖楞木，再用工具式或木横撑上、下顶紧(图1b)	适于能保持直立壁的干土或天然湿度的黏土类土，地下水很少，深度在3 m以内
连续式水平支撑	挡土板水平连续放置，不留间隙，两侧同时对称立竖楞木，上下各顶一根撑木，端头加木楔(图1c)	适于较松散的干土或天然湿度的黏土类土，地下水很少，深度为3~5 m
连续式或间断式垂直	挡土板垂直放置，连续或留适当间隙，每侧上、下各水平顶一根枋木，再用横撑顶紧(图1d)	适于土质较松散或湿度很高的土，地下水较少，深度不限

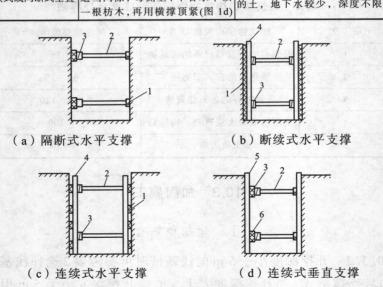

（a）隔断式水平支撑 　　（b）断续式水平支撑

（c）连续式水平支撑 　　（d）连续式垂直支撑

图1 常见浅基槽边坡支撑形式

1—水平挡土墙；2—横撑木；3—木楔；4—竖楞木；5—垂直挡土墙；6—横楞木

10.3.3 基坑（槽）开挖时，应注意以下几点：

1 土方开挖宜由上而下分层、分段进行，使支撑结构受力均匀。同时要控制相邻段的土方开挖高差不宜大于 1.0 m，防止因土方高差过大，产生侧向变形。

2 土方开挖前应先进行基槽降水，降水深度宜控制在基槽底 0.5 m 以下，防止地下水影响到支撑（护）结构外面，造成基槽周边建筑物基础产生不均匀沉降。

3 土方开挖期间基槽边严禁大量堆载，地面荷载不得超过设计支撑结构时采用的地面荷载值。

4 基坑（槽）开挖严禁超挖，即开挖深度不得超过施工方案规定的深度。

5 拆除支撑时，应按照基槽土方回填顺序，从下而上逐步进行。施工中更换支撑时，必须先安装新的支撑，再拆除旧的支撑。

10.3.4 为确保人工挖孔桩的施工安全，可采取以下措施：

1 挖一层土及时浇筑一节混凝土护壁。第一节护壁应高出地面 300 mm。

2 距孔口顶周边 1 m 搭设围栏。孔口周边 1 m 范围内不得有堆土和其他堆积物。

3 提升吊桶的提升机构其传动部分必须牢固。人员不得乘盛土吊桶上下，人员上下可配备软梯。

4 每次下井作业前应检查井壁和抽样检测井内空气，当有害气体超过规定时，应进行处理和用鼓风机送风。

5 井内照明应采用安全矿灯或 12 V 防爆灯具。

6 成孔完成后，应及时将桩身钢筋笼就位并浇注混凝土。

正在浇注混凝土的桩孔周围 10 m 半径内的邻近桩孔内不得有人作业。

10.3.5 采用桩基托换工法时，由于托换过程是个结构内力转移传递的过程，结构不能发生大的变形。施工过程中必须对结构进行监测。

10.3.6 采用锚杆静压桩加固时，确保施工质量和施工安全，应符合以下要求：

1 机械操作人员必须听从指挥信号，不得随意离开岗位，并应经常注意机械的运转情况，发现异常应立即检查处理。

2 压桩反力架应保持竖直，不能松动。锚固螺栓的螺帽或锚具应均衡紧固，压桩过程中应随时拧紧松动的螺帽。

3 埋设锚杆应与基础配筋扎在一起，连接应牢固。可采用环氧胶泥（砂浆）黏结，环氧胶泥（砂浆）可加热（40 ℃左右）或冷作业，硫黄砂浆应热作业，填灌密实，使混凝土与混凝土粘结在一起，自然养护不低于 16 h。

4 桩在起吊和搬运时，吊点应符合设计要求，如设计无规定时，当桩长在 16 m 内,可用一个吊点起吊，吊点位置应设在距桩端 0.29 桩长处。

5 当采用硫黄胶泥接桩时，硫黄胶泥的原料及制品在运输、贮存和使用时应注意防火。熬制胶泥时，操作人员应穿戴防护用品，熬制场地应通风良好，人应在上风操作，严禁水溅入锅内。胶泥浇注后，上节桩应缓慢放下，防止胶泥飞溅伤人。

Ⅱ　主体结构、构造加固

10.3.9 按住房和城乡建设部要求，要编制专项施工方案。

模板和支撑架体的失稳破坏，易造成群死群伤的重大事故，其安装和拆除应符合以下要求：

1 模板及其支架应根据工程结构形式、荷载大小、地基类别、施工设备和材料供应等条件进行设计。模板及其支架应具有足够的承载能力、刚度和稳定性，能可靠地承受浇筑混凝土的重量、侧压力以及施工荷载。

2 在浇筑混凝土之前，应对模板工程进行验收。模板安装和浇筑混凝土，应对模板及其支架进行观察和维护(设专人负责)；发生异常情况时，应按施工技术方案及时进行处理。

3 搭设梁、板模板支撑的满堂扣件式钢管脚手架除沿脚手架外侧四周和中间设置竖向剪刀撑外,当脚手架高于4 m时，还应沿脚手架每两步高度设置一道水平剪刀撑。

4 高处作业人员应有牢固的作业平台，佩挂安全带。安、拆楼层外边梁和圈梁模板时，应有防高空坠落、防止模板向外翻倒的措施。

5 高空拆模应有专人指挥，并在地面设置警戒区和警示标志，派专人职守。

6 模板拆除时，不应对楼层造成冲击荷载，拆除的模板及支架宜分散堆放并及时清运。

10.3.10 钢材由于强度高，钢结构构件往往比较细小，施工当中特别易发生突然性的失稳破坏，易造成较大伤害，施工中应注意以下几点：

1 加工机械及电动工具的操作人员，应经专门培训，并应严格遵守操作规程。

2 构件翻身起吊绑扎必须牢固，起吊点应通过构件的重心位置，吊升时应平稳，避免震动或摆动。在构件就位并临时固定前，不得解开索具或拆除临时固定工具，以防脱落伤人。

3 钢结构施焊场地周围 5 m 以内严禁堆放易燃品；用火场所要配备足量的消防器材、器具；现场用空压机罐、乙炔瓶、氧气瓶等，应在安全可靠的存放点存放。电焊机、氧气瓶、乙炔发生器等在夏季使用时，应采取措施，避免烈日曝晒，与火源应保持 10 m 以上的安全距离。

4 起重设备行走路线应坚实、平整，停放地点应平坦；起重作业人员应严格执行"十不吊"规定。

10.3.12 进行预应力施工的千斤顶和油压表应经过检验，正常情况下检验期不应超过 6 个月，但当设备受到过大震动如跌落、碰撞和钢筋张拉断裂等情况时，即使未到检验期，也应进行及时的检验；预应力张拉时，张拉正前方和张拉钢筋上方不得站人，是为了防止钢筋张拉时突然断裂伤人；有振动的设备如混凝土振动棒等，作业时不得碰触预应力钢筋和锚具，是为了防止锚具在受振状态下摩阻力减小或消失导致锚具锚固失效。

Ⅲ 幕墙加固

10.3.15 吊篮的安装和使用，应符合以下要求：

1 吊篮必须设置上行程限位装置，吊篮的每个吊点必须设置 2 根钢丝绳，安全钢丝绳必须装有安全锁或相同作用的独立安全装置。在正常运行时，安全钢丝绳应顺利通过安全锁或相同作用的独立安全装置。吊篮宜设超载保护装置，吊篮必须设有在断电时使悬吊平台平稳下降的手动滑降装置。

2 吊篮的悬挂机构应有足够的强度和刚度。悬挂机构施加于建筑物顶面或构筑物上的作用力应符合建筑结构的设计承载要求。

3 悬吊平台应有足够的强度和刚度。悬吊平台四周应装有固定式的安全护栏，护栏应设有腹杆，工作面的护栏高度不应低于 0.8 m，其余部位则不应低于 1.1 m；悬吊平台内工作宽度不应小于 0.4 m，并应设置防滑底板；悬吊平台上应设有操纵用按钮开关，操纵系统应灵敏可靠；悬吊平台应设有靠墙轮或导向装置或缓冲装置。